江苏省高校优势学科建设工程项目资助出版

盘式制动器摩擦学性能测试与智能预测技术

Testing and Intelligent Forecasting Technology for Tribological Performance of Disc Brake

鲍久圣 著

科学出版社

北 京

内 容 简 介

　　本书系统介绍了盘式制动器摩擦学性能测试方法及装置,研制了盘式制动器模拟制动试验台,开展了汽车盘式制动器摩擦学性能试验研究;提出了基于人工神经网络的盘式制动器摩擦学性能智能预测方法,并利用摩擦学试验数据构建了智能预测模型;开发了盘式制动器摩擦学性能智能预测软件系统,并考虑汽车制动系统结构特点设计了盘式制动器摩擦学性能在线监测预警系统。

　　本书可作为机械工程、车辆工程等专业的研究生参考教材,也可供从事制动技术、摩擦学和人工智能等相关领域研究工作的科研和工程技术人员参考。

图书在版编目(CIP)数据

盘式制动器摩擦学性能测试与智能预测技术 = Testing and Intelligent Forecasting Technology for Tribological Performance of Disc Brake/鲍久圣著. —北京:科学出版社,2015.3
ISBN 978-7-03-043744-0

Ⅰ.①盘… Ⅱ.①鲍… Ⅲ.①汽车-盘式制动器-摩擦-研究 Ⅳ.①U463.51

中国版本图书馆 CIP 数据核字(2015)第 051365 号

责任编辑:耿建业　陈构洪 / 责任校对:张怡君
责任印制:徐晓晨 / 封面设计:耕者设计工作室

科学出版社出版
北京东黄城根北街 16 号
邮政编码:100717
http://www.sciencep.com

北京廖诚则铭印刷科技有限公司 印刷
科学出版社发行　　各地新华书店经销

*

2015 年 3 月第 一 版　　开本:720×1000 1/16
2018 年 1 月第三次印刷　　印张:10 5/8
字数:204 000
定价:78.00 元
(如有印装质量问题,我社负责调换)

前　言

盘式制动器自 20 世纪初问世以来,已逐渐发展成为现代社会各类车辆和设备的主流制动装置。盘式制动器依靠摩擦片与制动盘之间的摩擦作用实现减速、限速和停车等制动功能,因此制动摩擦副的摩擦学性能对制动器的制动效能和工作可靠性具有决定性的影响。制动器摩擦学性能除了受摩擦副材料的内在特性影响以外,还要受制动工况、环境条件等外在因素的影响。长期以来,研制各种高性能摩擦材料一直是提高盘式制动器工作效能与可靠性的主要研发方向,但实际上任何一种摩擦材料也不可能无限制承受各种恶劣工况条件的影响。若能准确掌握并预测盘式制动器摩擦学性能参数随制动工况条件的变化规律,则当预测到摩擦学状态将出现明显劣化趋势时,就可以提前发出预警信号,提醒操作人员或通过自动控制系统对有关制动工况参数及时进行调整,从而避免因制动器摩擦学性能劣化而引发的各类制动事故。因此,开展盘式制动器摩擦学性能测试与智能预测技术研究,对于提高盘式制动器的制动可靠性、保障机械系统安全运行将具有重要实际意义。

近年来,本书作者在国家自然科学基金(项目号:51205395、51205393)、中国博士后科学基金(项目号:20100471405)和江苏省"六大人才高峰"高层次人才项目(项目号:2011-ZBZZ041)等基金项目的资助支持下,较为系统地开展了盘式制动器摩擦学性能测试技术、摩擦学行为与机理以及摩擦学性能智能预测技术等方面的科学研究工作。本书就是在这些工作的基础上经整理和扩充而写成的,本书的出版得到了江苏省高校优势学科建设工程项目的资助。

在开展以上研究工作的过程中,作者得到了中国矿业大学童敏明教授和朱真才教授的悉心指导,也得到了课题组阴妍老师的大力支持,在此特向他们表示诚挚的谢意。此外,作者指导的研究生陆玉浩、李增松和纪洋洋等在本书研制盘式制动器模拟制动试验台的过程中付出了大量辛勤劳动,而在本书成稿之际,研究生杨帅、胡东阳和卢立建等也帮助完成了资料整理和文稿校对等工作,在此作者也向他们一并致谢。最后,作者还要向本书中所有参考文献的作者表示感谢,他们的智慧结晶是本书前进的基础和源泉。

限于时间和水平,本书内容难免存在欠妥之处,诚挚欢迎广大读者批评指正!

鲍久圣
2014 年 11 月于中国矿业大学

目　　录

第1章　盘式制动器概述

1.1　盘式制动器发展历程

在汽车、列车等各种交通运输车辆以及电梯、输送机等各类机械装置中,无一例外都要为其配备制动器来实现速度调节和减速、停车等制动功能。制动器俗称刹车或闸,它依靠制动摩擦副之间的摩擦作用实现减速、限速和停车等制动功能,因此一般也称为摩擦制动器或机械制动器。为了使行进中的车辆或运行中的设备减速或停止,制动装置需要消耗吸收巨大的能量,因此制动过程实质上是一个能量转换的过程,它通过制动器摩擦副之间的机械摩擦作用,将车辆行驶或设备运转时产生的动能转换成热能消耗掉,从而使其减速或停止。

摩擦制动器根据摩擦副结构形式不同,主要可分为鼓式和盘式两大类。鼓式制动器是最早设计的摩擦制动装置,早在1902年就已使用在马车上,1920年左右开始在汽车工业上应用,并且在此后相当长的一段时间内都在汽车制动器领域占据着统治地位。20世纪初,盘式制动器问世,并于30年代后期开始应用于列车、坦克及飞机的制动装置上。随着制造技术的进步和人们对制动装置认识的提高,盘式制动器的优点开始逐渐被汽车设计师认识[1]。在国外,液压盘式制动器首先得到广泛应用,但由于结构特点的限制,其使用范围仅局限于轿车及轻型载货汽车。20世纪80年代,气压盘式制动器的研制工作取得了实质性进展,其制动效率高、性能优良且智能化复合能力强,发展前景较为可观,市场需求不断提高。自此,盘式制动器开始风靡欧、美、日等发达国家,其技术逐渐走向成熟,规格、型号也越来越丰富,并且开始广泛应用于多级别的轿车、客车以及各类中、重型车辆的制动系统。

盘式制动器在我国车辆系统上的应用相对较晚,20世纪80年代后期开始在部分轿车上使用,1997年左右开始在大客车和载重车上推广使用,但大多是引进国外的成品或散件,成本较高,因此最初只应用于高端产品。到21世纪初期,我国开始对气压盘式制动器进行研究,但所取得的成效并不高。2004年国家政策要求7~12m E型客车必须配备盘式制动器,国产盘式制动器由此得到了快速发展。同时,带盘式制动器也开始应用在部分高档客车上。随着对盘式制动器研发工作的不断深入,国内多家汽车公司已完成盘式制动器在重型汽车方面的试验及技术储备工作。近几年,我国汽车产销数量不断提高,且制动器行业的下游产业不断振兴,国产盘式制动器得到了很好的发展,其应用范围也越来越广泛。目前,国产中、高级汽车已开始普遍配备盘式制动器作为制动装置。

1.2　盘式制动器结构原理

1.2.1　汽车盘式制动器

　　汽车盘式制动器主要由固定在轮毂上的制动盘、制动钳和摩擦块等部件组成,有液压驱动和气压驱动两种形式。按照其摩擦副中固定元件的结构不同,液压驱动盘式制动器又可分为全盘式制动器和钳盘式制动器两大类。在全盘式制动器中,摩擦副的旋转元件及固定元件均为圈形盘,制动时各盘摩擦表面全部接触,其作用原理与摩擦式离合器相同。由于此类制动器的制动盘散热条件较差,所以其实际应用远没有钳盘式制动器广泛[2]。钳盘式制动器的固定摩擦元件是制动块,它安装在与车轴相连接但不能绕车轴轴线旋转的制动钳中。在此类盘式制动器中,制动块与制动盘的接触面积很小,在盘上所占的中心角一般仅为 30°～50°。按制动钳的结构形式,钳盘式制动器又可分为定钳盘式制动器和浮钳盘式制动器两大类,其结构示意图如图 1-1 所示。

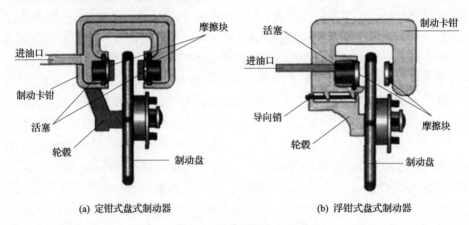

(a) 定钳式盘式制动器　　　　　　　　　(b) 浮钳式盘式制动器

图 1-1　钳盘式制动器结构示意图

　　定钳式盘式制动器,顾名思义,就是其制动钳固定不动,制动盘与车轮相连并能在制动钳的开口槽中旋转。制动钳槽形部分两侧的孔内均装有与鼓式制动器相类似的活塞,当踩下制动踏板时,液压油推动活塞和摩擦块压向制动盘两侧表面。由于摩擦块夹紧制动盘产生摩擦力,形成与车轮旋转方向相反的摩擦力矩,迫使车辆减速或停车。从 20 世纪 50 年代初到 60 年代末,定钳式盘式制动器应用十分广泛,它主要有以下的优点:① 除活塞和摩擦块外无其他滑动件,易于保证制动钳的刚度;② 结构及制造工艺与鼓式制动器相差不大,容易实现从鼓式制动器到盘式制动器的改造;③ 能很好地适应多回路制动的要求。

　　浮钳式盘式制动器的制动钳可以相对于制动盘轴向移动,其一侧的摩擦块安置在钳体上,另一侧的摩擦块与液压油缸相连。在制动过程中,压力油作用在活塞底部与缸筒底部之间,作用在活塞底部的压力使内侧蹄块压靠在制动盘内侧表面,而作用于缸筒底部的反作用力使制动钳向汽车中心线方向滑动,从而使得外蹄块总成靠在制动盘的外表面上,经压力油的进一步作用,摩擦块夹紧制动盘,使其降低转速直至停转,从而使汽车减速或停车。由于具有结构简单、零件少、易于维修等突出优点,浮钳式盘式制动器已在多数轿车上得到广泛使用,并逐渐代替了定钳式盘式制动器。

1.2.2　提升机盘式制动器

　　提升机上使用的制动器共有三大类型,即角移式制动器、平移式制动器和盘式制动器。我国 20 世纪五六十年代生产的卷筒直径 3m 以下的提升机采用角移式制动器,4m 以上的提升机采用平移式制动器。角移式和平移式制动器均采用径向抱闸的结构形式,在实际应用中存在惯性大、动作慢、结构复杂、互换性差、维修调整不方便等缺点。自 70 年代以来,我国煤矿绝大多数提升机均开始使用盘式制动器。盘式制动器采用轴向抱闸的结构形式,以碟形弹簧作为制动力源,具有结构紧凑、反应速度快、闸的副数可按需要灵活增减等优点。

　　提升机盘式制动器按液压缸所在位置可分为前腔式盘式制动器和后腔式盘式制动器。由于前腔式盘式制动器存在前腔压力油容易泄漏导致闸瓦与制动盘之间的摩擦因数降低的缺点,目前提升机大多采用后腔式盘式制动器,如图 1-2 所示。

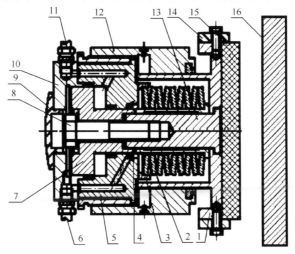

图 1-2　后腔式盘式制动器结构示意图

1-筒体;2-碟形弹簧;3-弹簧座;4-挡圈;5-制动油缸;6-泄漏油口;7-活塞;8-连接螺栓;9-油缸盖;10-液压缸盖;
11-控制油口;12-制动器体;13-筒体衬板;14-压板;15-闸瓦;16-制动盘

后腔式盘式制动器采用碟形弹簧前置式结构,将碟形弹簧置于活塞前端,松闸的压力油注入后腔,从而避免了闸瓦和制动盘的油污染;同时,活塞的移动直接拉动固定闸瓦的筒体,因而松闸过程中活塞与闸瓦的移动具有较好的一致性,克服了闸瓦浮贴于闸盘的缺点。其工作原理为:当制动高压油液从液压缸排出时,碟形弹簧的预压缩恢复张力通过活塞杆推动闸瓦,使其紧贴制动盘,此时制动器处于施闸状态;当制动高压油液充入液压缸时,活塞在压力油的作用下后移使碟形弹簧压缩,此时闸瓦脱离制动盘,制动器处于松闸状态。由此可见,提升机盘式制动器采用油缸充油进行松闸、油缸泄油进行施闸的工作方式,属于事故保安型制动器,这样一旦液压控制系统发生故障,制动器可以自行抱闸。在提升机上安装使用时,将若干个单独的盘式制动器用螺栓成对地固定在支架上,通过夹持提升机制动盘产生制动力矩,实现对提升机的制动,如图 1-3 所示。

图 1-3　提升机盘式制动器现场应用图

1.2.3　盘式制动器优缺点

相比于鼓式制动器,盘式制动器之所以能迅猛发展且颇受欢迎,是因为其具有以下一系列优点:

(1)摩擦因数对盘式制动器输出力矩的影响较小,而鼓式制动器尤其是增力式鼓式制动器对摩擦因数非常敏感;

(2)盘式制动器的制动减速度与油管压力的关系是线性的,而鼓式制动器是非线性的;

(3)盘式制动器的输出力矩平稳,而鼓式制动器的输出力矩曲线中间是马鞍形,起点和终点有翘曲的现象;

(4)盘式制动器的制动盘通风冷却效果较好,所以热稳定性好,特别是带通风孔的制动盘散热性能尤佳,热稳定性更优,而鼓式制动器的热稳定性较差,它不仅抗衰退性差,恢复性能也不稳定;

(5)水对鼓式制动器的影响较大,而对盘式制动器的影响极微,甚至可忽略不计；

（6）车速变化对盘式制动器的影响较小，而对鼓式制动器的影响较大；

（7）当制动鼓温度较高时，鼓的热变形较大，导致踏板行程增大，而盘式制动器的制动盘厚度变形较小，踏板行程变化不大。

由于上述因素对盘式制动器输出力矩的影响较小，装有盘式制动器的小轿车左右轮和前后轮的制动平衡性能较佳，从而保证了高速制动时的稳定性及可靠性。美国通用、福特及克莱斯勒三家汽车公司通过对汽车制动器进行制动试验，发现由盘式制动器制动的轿车比由鼓式制动器制动的轿车的制动距离缩短了 5.4%，从而更加肯定了盘式制动器具有较好的制动性能。

然而，尽管盘式制动器具有很多突出的优点，但其也存在一些缺陷[2,3]：

（1）由于摩擦面积小，单位压力较高，摩擦片工作温度相对较高，所以对摩擦材料的性能要求更为苛刻；

（2）由于盘式制动器本身没有增力作用，所以需要为其配备制动助力装置；

（3）盘式制动器对油缸密封性能要求较高，对制动液、橡胶圈及车轮轴承润滑剂的抗热性能要求也较高。

1.3　制动摩擦材料组分与性能

摩擦制动器的关键部件之一就是制动摩擦材料，俗称刹车片、摩擦片或闸瓦等。制动摩擦材料最主要的功能是通过与配偶件之间的摩擦作用来吸收动能，从而使运行中的车辆减速或停止。

1.3.1　制动片类型

摩擦材料在制动器上以制动片的形式存在，进行制动作用的制动片分为盘式制动片和鼓式制动片，通过车辆制动机构使其紧贴在制动盘（或鼓）上，实现实时减速或停车。盘式制动片大多以干法工艺生产，主要用于轿车，其特点是面积较小，能承受较高的制动负荷，在各类汽车制动摩擦材料中性能要求最高[4]，其结构形状如图 1-4 所示。

鼓式制动片按照制动片与制动蹄铁之间的连接方式，可分为铆接型和黏结型两种类型。铆接型制动片能承受较大的制动负荷，在减少和克服噪声上没有盘式制动片苛刻，其主要用于中重型载重汽车，在 20 世纪 60 年代以前用湿法工艺生产，70 年代以后大多用干法工艺生产[5]。黏结型鼓式制动片的制动负荷比铆接型小，主要用于轿车和轻微型汽车，采用干法工艺或湿法工艺生产。常见鼓式制动片结构形状如图 1-5 所示。

图 1-4　盘式制动片

图 1-5　鼓式制动片

1.3.2　摩擦材料种类

摩擦材料的发展大致经历了三个时期:20 世纪 70 年代中期以前为第一个时期,这时候的摩擦材料几乎全部采用石棉型材料,仅某些特殊用途才采用金属基或金属-陶瓷基摩擦材料;70 年代中期至 80 年代中期为第二个时期,因为石棉被确认为是一种强致癌工业原料,所以必须寻找一类新型的高性能材料来代替它,如半金属摩擦材料、粉末冶金摩擦材料等都是这一时期的产品;80 年代中期至 90 年代初为第三个时期,各国都在大力研制和使用无石棉型摩擦材料,我国则在 90 年代后期才开始无石棉型摩擦材料的研发。

按照材质的不同,摩擦材料可分为石棉摩擦材料和非石棉摩擦材料两大类。

1）石棉摩擦材料

石棉摩擦材料是指以石棉作为增强材料的摩擦材料,根据所添加石棉材料的形式不同,又可分为以下几种:

（1）石棉纤维摩擦材料,又称石棉绒质摩擦材料。主要有各种刹车片、离合器片、火车合成闸瓦、提升机闸瓦、石棉绒质橡胶刹车带等。

（2）石棉线质摩擦材料,主要有缠绕型离合器片等。用做生产工程机械上的摩擦片等。

（3）石棉布质摩擦材料,主要有钻机闸瓦、刹车带、离合器面片等。

石棉纤维摩擦材料（石棉绒质摩擦材料）的基材是石棉短纤维,纤维等级为五或六级,其中以五级石棉使用量最多。这类摩擦材料成本低,可以满足对材料的一般使用要求,是应用量最多的一种摩擦材料。石棉线质、布质类摩擦材料,是利用石棉的可纺性,将石棉短纤维纺制成线、布或编织带,用黏结剂树脂或橡胶溶液进行浸渍后,制成各种摩擦材料,其机械强度较高,适用于较高的工作要求。

石棉摩擦材料具有熔点高、摩擦因数尚可、力学强度高、与黏结剂有较强吸附力等优点,长期以来一直广泛用做制动器摩擦材料,但它也有一些难以克服的缺点:

（1）石棉摩擦材料摩擦因数不高,一般为 0.45 左右,有的实际检测仅为 0.35,且易出现摩擦性能热衰退,导致摩擦因数不稳定;

（2）石棉导热性差,摩擦热难以迅速消失,导致树脂热衰退层变厚,使磨损加剧;

（3）石棉材料容易污染环境,特别是直径小于 $3\mu m$、长度为 $1 \sim 100 \mu m$ 的石棉纤维会使人体产生癌变;

（4）由于石棉材料性能的局限,为了提高摩擦因数和散热性能而采用高硬度摩擦剂及钢棉,这样不仅会使摩擦材料产生火花和锈蚀,而且使制动盘产生剧烈磨损,并在制动时产生高频噪声。

2）非石棉摩擦材料

自 20 世纪 80 年代石棉被确认为是一种强致癌工业原料以来,人们开始寻找各类新型高性能材料来代替它,于是非石棉摩擦材料得到了很大的发展。目前,非石棉摩擦材料主要有以下几种类型:

（1）半金属摩擦材料,其材质配方中通常含有 30%～45% 的铁质金属物（如钢纤维、还原铁粉、泡沫铁等）。它是最早为取代石棉而发展起来的一种非石棉摩擦材料,其特点是耐热性好、面积吸收功率高、导热系数大,能适用于车辆及机械装备在高速、重负荷运行时的制动要求,但存在制动噪声大、边角脆裂等缺点。

（2）粉末冶金摩擦材料,又称烧结摩擦材料,是将铁基、铜基等粉状金属物料经混合、压制,并在高温下烧结而成的。适用于较高温度下的制动与传动工况条件,例如,飞机、重载汽车、重型工程机械的制动与传动,也可制成在油介质中工作的湿式制动器摩擦片。粉末冶金摩擦材料使用寿命较长,但这类制品价格高,制动噪声和脆性大,对偶磨损大,因此其使用受到一定限制。

(3)碳纤维摩擦材料,是以碳纤维为增强材料制成的一类摩擦材料。碳纤维具有高模量、导热性好、耐热性强等优点,因而碳纤维摩擦材料是各种类型摩擦材料中性能最好的一种。碳纤维摩擦片的单位面积吸收功率高且比重轻,因此特别适合用做飞机刹车片,国外有些高档轿车的刹车片也采用碳纤维摩擦材料。但因碳纤维摩擦材料价格贵,故其应用范围受到限制,产量也很少。在碳纤维摩擦材料的组分中,除了碳纤维外,还使用石墨、碳的化合物,组分中的有机黏结剂也要经过碳化处理,故碳纤维摩擦材料也称为碳—碳(C—C)摩擦材料。

(4)陶瓷纤维摩擦材料,是用陶瓷纤维作为增强材料制成的一类摩擦材料。陶瓷纤维是用石英砂等陶瓷材料经过高温熔化、甩丝、深加工除杂、切丝等工序加工而成的,其主要成分是二氧化硅和氧化铝。由于它具有很强的耐高温、耐化学腐蚀等优异性能,所以制成的摩擦材料具有良好的抗老化、低磨损和高温稳定摩擦性能等特点。

(5)复合纤维摩擦材料,是目前最新发展的一种非石棉摩擦材料,从广义上是指采用两种或两种以上纤维作为增强材料,经过特定的工艺将其和基体材料进行混合。目前,复合纤维摩擦材料所采用的纤维以无机纤维为主,有时也加入少量的有机纤维。通常刹车片为短切纤维型摩擦片,离合器片为连续纤维型摩擦片。

1.3.3　摩擦材料成分组成

目前,在各类盘式制动器中使用的摩擦材料大多数是高分子多元复合材料,由黏结剂、增强纤维、摩擦性能调节剂和填料等四大类主要成分及其他配合剂经一系列制造工艺加工而成,其制品应具有较高的摩擦因数和较好的耐磨性,同时还应具有一定的耐热性和机械强度。按照黏结剂类型,制动摩擦材料可分为有机合成摩擦材料和粉末冶金摩擦材料。按照增强纤维类型,有机摩擦材料分为石棉型、半金属型、混合纤维型和碳纤维型。半金属型摩擦材料由于具有良好的热稳定性、耐磨性和导热性,对环境污染小,广泛应用于轿车和重型汽车的盘式制动片。混合纤维摩擦材料采用多种纤维作为增强材料,能充分发挥每一种纤维的优势,弥补缺陷和降低成本,主要用于轿车和轻中型汽车制动片。碳纤维摩擦材料是各类摩擦材料中性能最好的一种,但其价格昂贵,目前主要用于飞机和高档轿车的制动片。

目前,用于汽车制动装置的摩擦材料多为有机摩擦材料,其主要成分包括四大部分[6]。

1)有机黏结剂

摩擦材料所用的有机黏结剂为酚醛类树脂和合成橡胶,而以酚醛类树脂为主。

它们的特点和作用是当处于一定加热温度下时先软化然后进入黏流态,产生流动并均匀分布在材料中形成材料的基体,最后通过树脂固化作用,把纤维和填料黏结在一起,形成质地致密、有相当强度并能满足摩擦材料使用性能要求的摩擦片制品。对于摩擦材料而言,树脂和橡胶的耐热性是非常重要的性能指标,选用不同的黏结剂就会得到不同的摩擦性能和结构性能。目前常用的黏结剂是酚醛树脂及其改性树脂,包括腰果壳油改性、橡胶改性及其他改性酚醛树脂等。

2) 增强纤维

增强纤维构成制动摩擦材料的基材,它赋予摩擦制品足够的机械强度,使其能承受生产过程中的磨削和铆接加工的负荷力,以及使用过程中由于制动和传动而产生的冲击力、剪切力和压力。我国有关标准及汽车制造厂根据刹车片的实际使用工况条件,对刹车片提出了相应的机械强度要求,主要评价指标包括冲击强度、抗弯强度、抗压强度、剪切强度等。为满足这些性能要求,需要选用合适的增强纤维,其基本性能要求是:①增强效果好;②耐热性好,在摩擦工作温度下不会发生熔断、碳化与热分解现象;③具有基本的摩擦因数;④硬度不宜过高,以免产生制动噪声和损伤制动盘或鼓;⑤工艺可操作性好。

3) 摩擦性能调节剂

根据摩擦性能调节剂在摩擦材料中的作用,可将其分为增摩剂和减摩剂两类。执行制动功能时,要求具有较高的摩擦因数,因此增摩剂是摩擦性能调节剂的主要成分之一。增摩剂的莫氏硬度通常为 $3\sim 9$,硬度越高,增摩效果越显著。对于莫氏硬度 5.5 以上的硬质增摩剂,要控制其用量和粒度。减摩剂一般为低硬度物质,特别是莫氏硬度低于 2 的物质,如石墨、MoS_2、滑石、云母、Sb_2S_3 等,它们既能增加摩擦因数的稳定性,又能减少对偶材料的磨损,从而提高摩擦材料的使用寿命。摩擦材料中增摩剂和减摩剂的相对含量共同决定着材料的摩擦与磨损性能,因此需要根据对摩擦材料的性能要求选择性地添加不同含量的增摩剂和减摩剂。

4) 填料

摩擦材料中使用的填料包括功能填料和空间填料,用于改进摩擦材料的热导性、流变性能、成形加工性能、外观和降低成本等。制动摩擦材料中使用填料的各种性能与摩擦材料的性能有密切的关系,主要体现在以下几个方面:①调节和改善制品的摩擦性能、物理性能与机械强度;②控制制品热膨胀系数、导热性、收缩率,增加产品尺寸的稳定性;③改善制品的制动噪声;④提高制品的制造工艺与加工性能;⑤改善制品外观质量及密度;⑥降低生产成本。

1.3.4　摩擦材料性能要求

摩擦材料是保证车辆制动装置制动效能与可靠性的关键部件,在大多数情况下,摩擦材料都是同各种金属对偶件配副摩擦,因此在制动过程中,摩擦材料应满足以下性能要求。

1）适宜而稳定的摩擦因数

摩擦因数是评价制动摩擦材料最重要的性能指标，关系着刹车片执行制动功能的好坏。摩擦学研究表明，摩擦因数是一个受温度、压力、速度、表面状态及周围介质等多因素影响的复杂变量。摩擦因数通常随速度增加、压力增大、温度升高而降低，理想的摩擦因数应具有稳定的冷摩擦因数和可以控制的温度衰退。摩擦材料表面沾水时，摩擦因数也会下降，当表面的水膜消除恢复至干燥状态后，摩擦因数就会恢复正常，称为"涉水恢复性"。摩擦材料表面沾有油污时，摩擦因数显著下降，但应保持一定的摩擦力，使其仍有一定的制动效能。因此，为了保证制动器制动可靠性，要求摩擦材料在不同工况下都应保持适宜而稳定的摩擦因数。

2）良好的耐磨性

摩擦材料的耐磨性是其使用寿命的反映，也是衡量摩擦材料耐用程度的重要技术经济指标。耐磨性越好，表示它的使用寿命越长。摩擦材料在工作过程中的磨损，主要是由摩擦接触表面产生的剪切力造成的。工作温度是影响磨损量的重要因素，当材料表面温度达到有机黏结剂的热分解温度范围时，有机黏结剂会产生分解、碳化和失重现象，如橡胶、树脂。随温度升高，这种现象加剧，黏结作用下降，磨损量急剧增大，称为"热磨损"。选用合适的减磨填料和耐热性好的树脂、橡胶，能有效地减少材料的工作磨损特别是热磨损，从而延长其使用寿命。

3）足够的机械强度和物理性能

摩擦材料制品在装配使用之前，需要进行钻孔、铆装等机械加工，才能制成制动片总成或离合片总成。在摩擦工作过程中，摩擦材料除了要承受很高温度，还要承受较大的压力与剪切力。因此要求摩擦材料必须具有足够的机械强度，以保证其在加工或使用过程中不出现破损与碎裂。例如，铆接鼓式刹车片要求有一定的抗冲击强度、铆接应力、抗压强度等，盘式片要具有足够的常温与高温（300℃）黏结强度，以保证摩擦材料与钢背之间黏结牢固，可经受盘式片在制动过程中的高剪切力而不产生相互脱离。

4）制动噪声低

制动噪声不仅关系到车辆行驶的舒适性，而且对周围环境特别是对城市环境会造成噪声污染。对于轿车和城市公交车来说，制动噪声是一项重要的性能要求。就轿车盘式片而言，摩擦性能良好的无噪声或低噪声刹车片已成为首选产品。随汽车工业的发展，人们对制动噪声越来越重视，有关部门已经提出了标准规定，一般汽车制动时产生的噪声不应超过 85dB。

5）对偶面磨损小

摩擦材料制品的传动或制动功能，都要通过与对偶件即摩擦盘（鼓）的摩擦作用来实现。在摩擦过程中，制动器摩擦副相互产生磨损是一种正常现象，但作为消耗性材料的摩擦材料制品,除自身应该保证尽量小的磨损外,对偶件的磨损也要小。一般应该保证对偶件的使用寿命要相对更长,同时在摩擦过程中不应出现将对偶件表面磨成较严重的擦伤、划痕、沟槽等过度磨损情况。

1.4　盘式制动器制动性能检测技术研究现状

如前所述,盘式制动器因其制动力稳定、散热性能好等突出优点,已在各类交通车辆及机械装置中得到了广泛的使用,并逐渐发展成为制动领域的主流制动装置。作为各类机械系统中最主要的安全保护装置,盘式制动器制动性能的好坏直接影响着生产效率和人身设备安全,因此对其制动性能进行有效检测不容忽视。目前,盘式制动器制动性能检测主要包括对制动力、制动减速度、闸间隙、空动时间、制动温度、振动和噪声等典型制动性能特征量的检测。

1.4.1　制动力矩检测

盘式制动器实现制动的原理是通过施加制动力使摩擦副间产生摩擦,形成与制动盘旋转方向相反的制动力矩,从而使得制动盘减速和停转。由此可见,制动力或制动力矩是影响制动性能的关键因素之一。

目前,对制动力进行检测的方法多为采用传感器采集信号,再传输至上位机进行分析。例如,于励民等[7]在盘式制动闸内设置表面贴有应变片的承拉套筒,以此检测制动闸受力部件的拉力,并换算成盘式制动闸正压力;朱真才等[8]在制动闸碟形弹簧后端安装力传感器,通过引线将传感器信号输出,制动作用时便可以直接测出盘式制动闸的制动力;冯雪丽等[9]设计了一套由电机、变频器、减速器、液压装置、传感器及计算机等组成的制动性能测试台,可以实时、准确记录盘式制动器制动过程中制动力的大小及变化等。

1.4.2　闸间隙检测

闸间隙是指制动器处于松闸状态时制动片与制动盘间的间隙,其大小对制动系统安全和效率等制动性能有很大的影响。例如,闸间隙的增大会导致制动力减小,致使制动性能变差;闸间隙过大会使制动空动时间增加,延迟保险制动时间;闸间隙过小会导致制动片与制动盘间的摩擦加剧产生磨损,同时摩擦生热,摩擦因数变小,又会导致制动力减小[10]。因此,闸间隙检测对于保证制动器制动性能的稳定具有重要意义。

目前,对闸间隙进行检测较为普遍的方法是建立由传感器、信号采集模块、信号处理模块、计算机及相关软件等组成的检测系统。例如,裴永辉[11]采用智能位移传感器测定位移量,再经高速采集卡采集并转换数据,最后在计算机上通过组态王软件对数据处理并显示;孙成群等[12]对传感器接触式与非接触式检测法进行了比较,并着重介绍了使用基于电阻式直线位移传感器的衬板顶杆对闸间隙检测的方法;滕修建等[13]设计了以 C08051F310 单片机为核心、用小位移电位器式传感器采集信号并用 LED 数码管显示数据的闸间隙检测方法;刘伟[14]设计了由固定在闸瓦基座上的直线位移传感器、A37D 通用接线端子板、PCI8622 高速数据采集卡及计算机组成的检测系统,分析了传感器采集数据、信号预处理、LabVIEW 监测平台数据显示的检测过程等。

1.4.3　空动时间检测

空动时间是指从断电施闸开始至闸瓦与制动盘接触之前所经历的时间,主要体现在矿井提升机等采用自动控制系统的制动装置上。空动时间过长,会导致制动滞后,很可能造成安全事故,因此它也是反映制动性能优劣的重要参数之一。

目前,对空动时间的检测多数采用电秒表法,该方法的检测精度比较高,但因为其成本也相对较高,所以在实际测试中采用得较少。为了能够以较低的成本准确检测空动时间,研究人员研究并设计了多种盘式制动器空动时间的检测方法。例如,陈磊等[15]采用继电器的工作原理设计了由测试电路板、信号处理模块、采集卡和计算机组成的检测系统,并通过 LabVIEW 程序模块对检测系统进行了试验验证;裴永辉[11]设计了一套检测仪系统,对空动时间进行了检测,该系统在硬件上由智能传感器、数据采集仪、工控机等组成,软件上通过组态王开发参数显示界面;李昊[16]则在提升机实际工作过程中,用定时器计算了盘式制动器的空动时间等。

1.4.4　制动减速度检测

盘式制动器制动通过施加制动力使制动盘减速,制动减速度是表征制动性能最直接且客观的因素,因此对制动减速度进行检测有助于分析制动性能的状态。

目前,制动减速度检测方法较多的是通过光电编码器或其他传感器对旋转速度直接采集,再经上位机分析并显示。例如,刘同增[17]介绍了一种智能监测系统,在制动过程中用旋转编码器测量提升机的运行速度,并根据速度曲线确定制动初始速度和时间,再经过计算得到制动减速度;葛平花等[18]采用 SZGB-11 型光电传感器,在主轴圆周上贴上黑白线相间的图纸,制动时获得与转速及黑白线成正比的脉冲,再计算得出转速及减速度等。

1.4.5　制动温度检测

盘式制动器制动过程是一个能量转换过程,机械系统的动能转换成摩擦热能,其中部分热量散发到空气中,而其余大部分热量都由制动器吸收,这会引起制动摩擦副的温度升高。温升过高会使摩擦材料的物理、化学性能改变,导致制动性能出现热衰退现象。由此可见,制动温度变化对制动性能的影响很大。

　　按照测温传感器是否和制动元件接触,制动温度的检测方法可分为直接法和间接法。直接法为接触式测温,即将测温元件与摩擦副元件相接触;间接法则为非接触式测温,即测温元件与摩擦副元件不直接接触[19]。直接法又可分为预置法和预埋法。预置法即在摩擦副元件表面放置测温元件,从而达到拾取温度信号的目的,此种方法常见于摩擦试验台架或摩擦试验机,图 1-6 为预置测温法原理示意图,将热电偶预置于摩擦盘表面拾取摩擦盘表面的平均温度,其测试位置明确,不会干扰温度场。预埋法即在摩擦副元件中内置测温元件,从而可以捕捉摩擦温升信号,此种方法可以测量出体积温度,但通常测点布置烦琐,且温度梯度较大时误差较大,故一般可用于由传热性能较稳定材料构成的摩擦副测温系统。例如,王坤等[20]通过所设计的制动器惯性试验台模拟汽车的制动过程,在制动蹄片、制动衬片内安装测温热电偶,对制动温度进行了检测和分析。

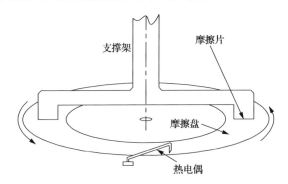

图 1-6　预置测温法原理示意图

　　间接法的基本思想为通过检测与制动温度相关的温度来间接推算出摩擦副的温度,这种方法的实现要借助于传热方程及热传导的相关理论。间接法主要用于测温空间受结构或材料限制的场合以及测温元件无法直接安装在摩擦副上的工况条件。例如,徐德凯[21]利用温度传感器,检测制动系统中某封闭腔环境温度,间接推算出摩擦片的温度,进而得到制动过程中摩擦副的温升。

1.4.6　制动振动和噪声检测

　　制动过程中摩擦作用引起的振动和噪声也是反映制动性能不稳定的因素之一,并且振动和噪声会严重影响交通车辆等的行驶安全性、舒适性及环保性[22]。目前,针对摩擦作用引起的振动信号分析和处理方法主要包括:时域法、频域法和时频法。

　　时域法即研究振动信号随时间的变化规律,主要涉及幅值分析、时差特性和波形特征等[23]。例如,苏永生等[24]通过设定幅值阈值,提取出振动峰值,对其均方根值和标准差值进行了计算,并以此作为特征参量来进行振动监测。时域法的优点在于参数计算直观简单,但采用时域分析法时,由于实测信号中包含有大量的背景噪声,会导致监测系统不易得到信号中所包含的摩擦状态信息,所以应尽量避免在时域中提取振动特征。

频域法指将时域信号转换成频域信号,以研究振动信号的频域特征信息,从而提取出振动的表征量[25]。例如,彭恩高等[26]通过对振动频谱信号进行检测与记录,为提取轴承的振动特征量奠定了基础。目前,比较常用的频域分析法有傅里叶变换法、功率谱分析和倒频谱分析等。傅里叶变换是频域法的核心,常用来处理平稳周期信号,当处理非平稳信号时需采用加窗处理的方法,近似认为窗内信号平稳。功率谱分析可分为直接法和间接法,两者的区别在于:直接法是指对摩擦振动信号直接进行快速傅里叶变换得到功率谱,而间接法为对摩擦振动信号的相关函数进行傅里叶变换得到功率谱。功率谱分析的优点在于可以定性和定量分析具有多频率成分的信号。倒频谱分析的实质为对功率谱密度取对数后,再进行傅里叶变换[27],其复倒频谱分析保留信号中的全部信息,实倒频谱只保留了频谱幅值信息,丢失了相位信息。此方法的主要优点是能够分析和提取出复杂频谱图上的周期成分,并可以充分保留边频成分。

时频法的基本原理为建立时间和频率之间的关系函数,其特点在于时间和频率的局部变化,通过时频平面得出目标信号的各个频带在时间轴上的分布和排列情况。时频法的典型代表为小波分析法,主要涉及小波变换和小波包变换。小波变换以傅里叶分析为基础,能较好地处理非平稳信号和局部突变信号,其突出的特点在于多分辨率分析,即可用不同的信号观察分析振动信号细节或概貌[28~30];小波包变换不仅继承了小波变换时频局部化的特点,而且弥补了小波变换在高频带的时间分辨率高而频率分辨率低的缺点,即可对小波变换分离的高频细节信号进一步细化分解[31]。例如,黄朝明[32]提出利用连续小波变换(CWT)时频图像和图像分割技术提取振动特征体,提取出的特征参数在不同工况下呈现出了明显的差异,较好地反映了摩擦状态。

制动过程产生的噪声和振动具有良好的相关性,且两者具有某些相同的特征参数。例如,王大鹏[33]指出振动速度与声压间的直接关系可转化为具体的数学表达式,因此对噪声和振动检测的基本思路是一样的。一般认为,摩擦噪声是摩擦系统的振动造成的,因此检测噪声的工作大部分都转化为对振动的检测。稍有不同的是,噪声已有一些表征量(如声压、声强、声功率和方向系数等),但为更加准确地表征噪声现象,仍需要借助与检测摩擦振动类似的频域法或时频法来提取摩擦噪声的表征参数。

总之,在盘式制动器制动性能检测技术方面,国内外研究者已做了大量工作,并取得了很多具有使用价值和理论意义的研究成果,但总体来看,目前对制动器制动性能参数的检测主要还集中于对制动压力、滑动速度、温度等制动工况参数的检测,这些状态量都只是影响制动器摩擦状态的间接工况量,而现阶段对制动器摩擦因数、摩擦温升、摩擦振动噪声等直观摩擦状态参数的直接检测技术则相对不够成熟,并且现阶段的制动性能检测技术一般都还仅局限于对单个性能参数的检测。因此,本书作者认为,将制动器摩擦状态特征量与制动工况参数量结合起来,探索基于两者内在关系的制动性能综合检测技术,并基于此发展制动性能在线监测技术,必将是未来盘式制动器检测与监测技术的重要发展方向。

1.5　盘式制动器摩擦学问题研究现状

盘式制动器的制动是依靠摩擦片与制动盘间的摩擦作用实现的,因此制动器的摩擦学性能直接影响其制动性能,从而对机械系统的制动效能、工作可靠性与运行安全都产生重要影响。目前,针对盘式制动器摩擦学问题的研究工作主要集中于摩擦材料制备及性能、制动摩擦学行为与机理以及制动摩擦热等几个研究方向[34]。

1.5.1　摩擦材料制备及性能

目前,盘式制动器主要采用有机摩擦材料制作为摩擦片。有机摩擦材料是一种高分子复合材料,通常由有机黏结剂、增强纤维、摩擦性能调节剂和矿物填料等四大类组分经过特定工艺加工而成,其组织成分繁多、制备工艺复杂。长期以来,研制各种高性能有机摩擦材料一直是复合材料领域研究的热点问题之一。早期的有机摩擦材料主要采用石棉纤维作为增强材料,但自从 20 世纪 80 年代石棉被证明是一种强致癌工业原料以来,石棉型摩擦材料就逐渐淡出了市场。现在各类制动装置使用的基本上都是无石棉型摩擦材料,根据其中金属含量的不同又可分为:少金属、半金属和无石棉有机(non-asbestos organic,NAO)三大类[35]。少金属和半金属摩擦材料采用金属纤维替代石棉纤维作为增强材料,目前汽车、摩托车等路面交通工具大多使用少金属或半金属型有机摩擦材料制作刹车片[36]。NAO 型摩擦材料中一般不包含金属材料,现役矿井提升机、带式输送机等矿山及工程机械设备多数采用这类材料制作制动器闸瓦。为了研制高性能摩擦材料,人们广泛开展了各类摩擦材料的制备工艺与材料配方研究。例如,阎致恒等[37]讨论了钢纤维与硅氧铝陶瓷纤维对树脂基摩擦材料摩擦磨损性能的影响;Kumar 等[38]和李国庆等[39]分别研究了半金属型摩擦材料中钢纤维含量对其摩擦磨损性能的影响,邹军等[40]还考虑了氧化铁粉含量的影响;Saffar 等[41]探讨了黏结剂橡胶成分对制动摩擦材料性能的影响等。

20 世纪 90 年代以来,纳米技术的快速发展给有机摩擦材料带来了新的发展机遇。纳米有机摩擦材料是纳米技术在材料领域的重要应用之一,它是在传统有机摩擦材料中添加纳米颗粒或对基体进行纳米改性,再经过特殊工艺加工而成的一种新型复合摩擦材料。目前,纳米材料在有机摩擦材料中的应用主要有两种方式:一种是先对树脂黏结剂进行纳米改性处理,再利用纳米改性树脂来合成摩擦材料;另一种则是直接将纳米材料作为摩擦性能调节剂添加到摩擦材料基体中。前者的成功应用实例有:延军[42]采用纳米铜,王满力等[43]采用纳米坡缕石,何林等[44]采用纳米 Al_2O_3,程立艳[45]采用纳米黏土,邱军等[46]、王兆滨[47]和孙振亚等[48]采用纳米 SiO_2、Koratkar[49]利用多壁碳纳米管分别对不同类型的酚醛树脂进行改性处理,而 Liu[50]则将丁苯橡胶和丁腈橡胶制成纳米粉体并将其作为摩擦材料黏合剂;研究结果表明,树脂、橡胶等黏结剂经纳米改性后耐热性明显提高,而以纳米改性树脂作为黏结材料制成的摩擦材料,其摩擦磨损性能明显优于传统有机摩擦材料。除此以外,后者也有不少成功实例,例如,郑根仲[51]、党佳等[52]直接将纳米碳纤维、纳米高岭土等纳米材料作为摩擦性能调节剂添加到摩擦材料组分中,制成的摩擦材料同样也表现出良好的物理力学和摩擦学性能。大量诸如此类的材料研究表明,纳米材料的优异性能,再加上复合材料的协同作用,使得纳米有机摩擦材料普遍表现出比传统摩擦材料更为优异的物理力学性能和摩擦磨损性能。

除此以外,鉴于纳米材料具有奇特的磁、电、光等物化效应,利用纳米材料的奇异性质研制各种新型功能性摩擦材料已成为摩擦材料未来的一个重要发展趋势。例如,鲍久圣等近来通过在摩擦材料基体中添加微纳米级的磁性颗粒,研制成功了具有磁性的矿井提升机闸瓦[53,54]和汽车刹车片[55,56]等新型功能性摩擦材料,这种具有磁性的新型摩擦材料可为今后发展基于磁场的制动摩擦过程主动控制技术奠定重要的物质基础。

作为制动器最重要的部件材料,摩擦材料一直以来都是制动技术和复合材料领域的重要研究发展方向。本书作者认为,摩擦材料未来的发展趋势将主要集中在以下几个方面:①进一步提高摩擦材料的高摩阻性能,并增强其摩擦性能的热稳定性;②进一步降低摩擦材料的磨损率,延长其有效使用寿命;③研发新型功能性摩擦材料,为发展制动摩擦过程主动控制技术奠定物质基础。

1.5.2　制动摩擦学行为与机理

制动器摩擦磨损特性除了受摩擦材料内在特性的影响,在实际使用中还要受到多种外在因素(如速度、压力、温度等)的影响,并且呈现出复杂的非线性变化规律。为此,制动器摩擦学性能大都要通过摩擦学试验来进行研究,所考察的摩擦学性能指标通常为摩擦因数、磨损率等常规摩擦学性能参数,所考虑的影响条件一般为滑动速度、制动压力、温度等因素[57~60]。例如,Bao 等[61~63]就曾系统研究了在紧急制动状态下,制动初速度、制动压力、制动次数、温度等制动工况参数对提升机无石棉闸瓦摩擦学性能的影响规律及机理。除了温度以外,现有针对制动器摩擦学行为与机理的研究主要集中于考察制动初速度和制动压力的影响。

1) 制动初速度的影响

制动器的制动过程是将机械系统的运动动能通过摩擦作用转化为热能和其他形式的能量消耗掉,从而达到制动的目的。由于机械系统的动能与速度的平方成正比,所以制动开始时机械系统的速度即制动初速度必然是制动器摩擦学行为的重要影响因素之一。在制动器摩擦过程中,摩擦副的实际接触面积要比名义接触区面积小得多。当制动速度不引起摩擦副表层性质的变化时,摩擦磨损与制动初速度无关,但是一般情况下,制动摩擦副之间一定速度的相对滑动会导致摩擦副发热、变形及磨损,必然会改变表面组织结构与成分。研究表明,制动初速度对摩擦材料摩擦学性能的一般影响规律为[63,64]:随着制动初速度的升高,摩擦因数先增大,到达一定速度后开始缓慢下降,最后趋于稳定;磨损率随着制动初速度的升高先增大,到一定速度后增速变缓,但在更高的制动初速度下磨损又会加剧。

摩擦学研究表明,制动器摩擦磨损特性在不同制动初速度下的差异主要源自于摩擦界面的温度变化[65~70]。在较低的制动初速度下,磨损表面的致密摩擦层尚未形成,吸附的水分和氧气会润滑磨损表面,因此摩擦因数和磨损率较低。制动初速度升高时,表面温度升高,促进了水分的挥发,另外摩擦表面大量的微凸体发生弹塑性变形、剪切、破裂,剪切出更多的微凸体颗粒形成磨屑,嵌入到接触表面,在增强纤维后方堆积,形成粗糙而不完整的疏松摩擦层,大量的粒状或片状磨屑从接触界面剥落,在接触表面犁出沟槽,导致啮合阻力增加,增大了摩擦力和磨损。在较高的制动初速度下,接触表面微凸体受到的交变应力次数增加,会使摩擦基体发生振动,加快了增强纤维的破裂、脱落,形成硬质磨屑,并受到次要接触平台的阻挡,随着磨屑磨损的次数增加,会产生更细小的磨屑,细小的磨屑所具有的高自由能会诱发磨屑之间的分子间作用力,使磨屑形成摩擦层。大量磨屑形成的摩擦层在温度和压力下,形成致密摩擦层,光滑均匀地覆盖在接触表面,减少了微凸体的直接接触,使得摩擦因数降低,磨损率略有减小。此外,摩擦接触表面温度的增加,导致增强纤维的软化和碳化,纤维从摩擦材料基体脱落,影响到接触表面的摩擦层,降低了刹车片与制动盘的黏结强度,使表面发生恶化,导致摩擦因数降低。如若继续提高制动初速度,接触表面微凸体材料将发生变形、剪切和脱落,积累了大量热量,发生黏着磨损和氧化磨损,磨损变得剧烈,而高速制动盘产生的离心力又加速了磨屑的剥落,会进一步增大磨损率。

2) 制动压力的影响

基于现代摩擦学理论,制动器摩擦力取决于摩擦副间实际接触面积的大小,制动压力正是通过接触面积的大小和变形状态来影响摩擦力的[71~75]。接触点数目和接触点尺寸将随着制动压力而增加,起初是接触点尺寸的增大,随后是接触点数目的增多。若表面发生塑性接触,摩擦因数与制动压力无关,但一般情况下制动副接触表面处于弹塑性接触状态,且制动压力也会引起其他因素(如温度)的变化,因此实际接触面积并不与制动压力成正比,摩擦力也并不与压力成正比。在较低的制动压力下,表面摩擦层尚未形成,接触界面的微凸体在压力作用下变形、破碎,形成磨屑嵌入到摩擦材料基体之中,增大了实际接触面积,机械阻力较大,摩擦力受到摩擦表面的微凸体和热影响层之间的力学性能影响,摩擦因数较高。摩擦形成的磨屑,嵌入、堆积、填充到磨损表面,形成摩擦层,减小了磨损。进一步增大制动压力,磨屑与接触体之间的空间减小,更多的磨屑受到网接触体的直接摩擦,发生压溃甚至烧结,形成团聚物或连续层,由随机分布的疏松摩擦层转变为均匀分布的致密摩擦层,覆盖在制动盘表面。摩擦层相当于润滑膜,减小了接触界面的啮合阻力,摩擦力取决于摩擦层与热影响层之间的滑动阻力;另一方面,摩擦盘与刹车片发生充分接触,产生大量塑性变形,表面接触状态为弹塑性接触,限制实际接触面积的进一步增加。在更高的制动压力下,制动摩擦产生的大量热量,加剧了摩擦材料的氧化磨损,破坏了摩擦材料的组成结构,加剧了磨损。

从现有研究来看,制动压力对摩擦因数和磨损率的影响规律一般为:随着制动压力的增加,摩擦因数先增大,到达一定压力后,开始下降;而磨损率随着制动压力的增加而逐渐增加。当然,不同的摩擦副材料,制动压力对摩擦磨损的影响规律也不尽相同,但制动压力对摩擦学性能的影响机理总结起来主要体现在以下几方面:①影响摩擦材料的实际接触面积;②影响摩擦层的生成及演变;③影响材料的成分及组织;④影响磨损类型的转变。

1.5.3　制动摩擦热

在速度和载荷作用下,制动产生的摩擦热使摩擦材料发生软化、热降解、黏结剂汽化,导致摩擦因数发生变化,制动性能降低,因此温度是影响摩擦材料摩擦学性能及其磨损机理的直接因素,也是导致制动摩擦失效的最主要因素。例如,Bao等[76]就曾建立了盘式制动器动态摩擦热模型,发现了在多次连续紧急制动中摩擦因数的摩擦突变现象,并且认为由于摩擦副表面快速累积的摩擦热使摩擦材料表层材料发生了热分解失效,使得制动器摩擦形式由干摩擦状态突变为气、固、液共存的混合润滑状态,结果导致摩擦因数急剧减小出现摩擦突变(friction catastrophe)现象[77]。在此基础上,Bao等[78,79]还更进一步基于突变理论构建突变模型,对制动过程由于摩擦热导致的摩擦突变现象进行了表征和描述。

一直以来,关于制动器摩擦副表面摩擦热的计算与分析都是制动摩擦学问题研究的热点[80~86]。在大多数工程应用中,摩擦副表面温度的计算模型普遍采用Block提出的经典模型,即半无限体表面承受单一集中热源,接着Jaeger发展了这一理论,阐述了矩形形状的移动热源作用在半无限体表面上的数学模型[87]。实际上制动器摩擦副的几何尺寸是有限的,表面是粗糙的,真实接触面积是由名义接触区域内许多微凸体相接触而产生的。所以,此后的研究考虑了表面接触模型,在此基础上研究多热源以及各个热源之间的相互作用对表面瞬态温度分布的影响。例如,Ling[88]运用表面形貌的随机模型来估算滑动的瞬时温升,认为实际接触点的温度比名义接触面积的温度要高得多;Barber[89]考虑了两接触本体温度的不同对接触表面温升的效应,提出了名义表面温升的概念,并推广到多个接触点的场合,以此来计算多个热源相互作用时摩擦表面的温度场;Wang[90]对具有分形特征的粗糙表面的滑动摩擦局部温升进行了研究,提出了界面温度分布的分形理论;Kennedy[91]认为摩擦热不仅在两物体的接触界面间通过黏着作用产生,在接触物体的近表面层处,也会由于材料的塑性变形而生热;Tian 等[92]研究指出,实际的滑动接触都是多点离散接触,且滑动的尺寸都是有限的,在接触微凸体处除了有局部闪现温升作用,还有名义表面温升的作用;马保吉[93]应用局部热流和整体热流的概念,将接触表面的温升划分为名义表面温升和局部温升,从而建立了摩擦制动器接触表面温度的计算模型。

由此可见,制动器摩擦温度场问题是典型的非线性问题,滑动摩擦表面的温升由名义表面温升和局部表面温升组成,可用瞬态热传导方程、几何和散热边界条件来描述,求解这类问题的计算方法一般有解析法和数值法两种。基于上述理论模型和计算方法,不少研究者对制动器温度场进行了模拟和计算。例如,朱真才等[94,95]对提升机盘式制动器闸瓦的三维温度场进行了有限元仿真;Evtushenko等[96]、Fishbejn 等[97]、王营等[98]分别对列车或汽车制动过程中摩擦片的表面温度场和最大温升进行了模拟计算;而 Galaj 等[99]、Vernersson[100]、Kovalenko 等[101]和 Artus 等[102,103]等分别对列车或汽车制动盘表面的温度场进行了模拟计算;文献[104]～文献[111]则分别采用不同的计算模型和方法对制动器的整体温度场进行了模拟计算等。

根据制动器温度场的计算结果,研究人员展开了制动工况对温度场分布以及温度场分布对制动性能影响的讨论。例如,王致杰等[112]建立了基于神经网络的提升机闸瓦摩擦因数综合预测模型,探讨了温升对闸瓦摩擦因数的影响;Fermer[113]分析了制动载荷和接触比压对摩擦表面温升、应力和形变的影响;林谢昭等[114]探讨了制动工况参数对盘式制动器制动盘摩擦温度场分布的影响,认为制动初始动能和摩擦力增长过程是影响盘表面温度场的关键因素;Iombriller等[115]考虑能量的转换,探讨了客车制动盘温度效应对其紧急制动性能的影响;Yevtushenko 等[116]分析了制动材料表层结构对摩擦表面温度场的影响;Pyryev等[117]讨论了摩擦材料组分及厚度对接触表面温度和磨损量的影响;Olesiak等[118]分析了制动过程中温度场分布对闸瓦摩擦因数和磨损率的影响,并获得了可应用于工程计算接触表面温度和磨损量的公式等。

1.5.4　研究发展趋势

从目前的研究发展状况来看,盘式制动器已发展成为各类车辆和机械设备的主流制动装置,科技界和工业界对盘式制动器制动性能和摩擦学性能也已开展了大量基础性研究工作,并取得了重要的研究进展,但目前对盘式制动器摩擦学问题的研究工作仍然存在一些不足。例如,现有针对摩擦材料所开展的摩擦学试验大都利用实验室小样定速摩擦试验的方法获得,其模拟的制动工况与盘式制动器在机械系统实际工作时的制动工况有明显差别,导致试验得出的摩擦磨损规律实际指导意义并不大;此外,现有研究对摩擦材料摩擦学性能的表征还不够客观全面,一般仅考虑摩擦因数、磨损率等静态摩擦学性能指标,而对制动过程摩擦学性能参数的动态变化特征则少有研究等。

本书作者认为,未来盘式制动器摩擦学问题的研究方向将主要集中于以下几个方面:①建立对盘式制动器制动摩擦过程的客观表征方法和参数体系;②发展更为科学、有效的试验方法与装置来真实模拟盘式制动器制动工况开展摩擦学性能测试;③构建盘式制动器摩擦状态在线监测与故障诊断系统,以实现对制动器摩擦学性能的监测与监控。

参 考 文 献

[1] 张显寿. 浅谈汽车盘式制动器[J]. 四川兵工学报, 1996, (3): 11-14.

[2] 潘公宇. 盘式制动器的特点及其应用前景[J]. 汽车研究与开发, 1996, (2): 29-32.

[3] 南旭东. 微型车盘式制动器粘-滑振动的研究[D]. 武汉: 武汉理工大学, 2008.

[4] 刘震云, 黄伯云. 树脂粘结剂含量对汽车摩擦材料性能的影响[J]. 中南工业大学学报, 1999, (5): 510-511.

[5] 余建洋. 环保型高性能摩擦材料研究[D]. 武汉: 武汉理工大学, 2007.

[6] 丛培红, 吴行阳, 卜娟, 等. 制动用有机摩擦材料的研究进展[J]. 摩擦学学报, 2011, 31(1): 88-96.

[7] 于励民, 陶建平, 徐桂云, 等. 制动状态下监测制动正压力的盘式制动器[P]. 中国: CN200710025205.5. 2008-01-09.

[8] 朱真才, 邵杏国, 陈义强, 等. 盘式制动闸制动性能检测方法及装置[P]. 中国: CN200710022013.9. 2007-10-24.

[9] 冯雪丽, 李柏年. 汽车盘式制动器性能测试台研发[J]. 研究与开发, 2013, (9): 91-93.

[10] 李勇, 王浩, 杜桂迁. 矿山提升机盘式闸闸间隙的调节及其对制动性能的影响[J]. 黑龙江科技信息, 2013, (23): 46.

[11] 裴永辉. 矿井提升机闸瓦间隙在线智能检测仪设计[J]. 电脑开发与应用, 2012, 25(4): 38-40.

[12] 孙成群, 明平美, 陈东海. 矿井提升机盘式制动器闸瓦间隙在线检测技术[J]. 煤矿机械, 2013, 34(5): 226-228.

[13] 滕修建, 郑丰隆, 桑敏, 等. 一种煤矿提升机盘形闸间隙测量报警仪[J]. 煤矿机电, 2010, (4): 51-54.

[14] 刘伟. 矿井提升机制动闸在线监测系统的应用[J]. 中州煤炭, 2012, (5): 73-74.

[15] 陈磊, 任中全, 熊双辉. 矿井提升机盘式制动闸空动时间测试装置设计[J]. 煤矿机械, 2008, 29(11):

107-108.

[16] 李昊. 提升机盘式制动器制动性能检测研究[J]. 科技风，2012，(6)：110-111.

[17] 刘同增. 盘式制动器制动性能智能监测系统的应用[J]. 工矿自动化，2010，(7)：120-121.

[18] 葛平花，刘飞鹏. 盘式制动器制动技术性能的测定[J]. 中国西部科技，2009，08(9)：35-36.

[19] 李增松，李彬，阴妍，等. 机械摩擦状态监测技术研究现状[J]. 表面技术，2014，43(2)：134-155.

[20] 王坤，李海斌，刘晓东. 制动器制动温度对制动性能的影响[J]. 中国新技术产品，2013，(12)：82-84.

[21] 徐德凯. 采煤机盘式制动器智能监测系统的研制[D]. 西安：西安电子科技大学，2012.

[22] 张立军，刁坤，孟德建，等. 摩擦引起的振动和噪声的研究现状与展望[J]. 同济大学学报，2013，41(5)：765-772.

[23] Al-Bodour F，Cheded L，Sunar M. Non-stationary vibration signal analysis of rotating machinery via time-frequency and wavelet techniques[C]//10th International Conference on Information Science Signal Processing and Their Application，IEEE Press，2010：21-24.

[24] 苏永生，王永生，颜飞，等. 离心泵空化故障识别的时域特征分析方法研究[J]. 水泵技术，2010，(4)：1-4.

[25] Betta G，Liguori C，Paolillo A，et al. A DSP-based FFT-analyzer for the fault diagnosis of rotating machine based on vibration analysis[J]. IEEE Instrumentation and Measurement Technology Conference，2001，3(21)：572-577.

[26] 彭恩高. 船舶水润滑橡胶尾轴承摩擦振动研究[D]. 武汉：武汉理工大学，2013.

[27] 李晓虎，贾民平，徐飞云. 频谱分析法在齿轮箱故障诊断中的应用[J]. 振动、测试与诊断，2003，23(3)：168-170.

[28] Li B，Gao Y. Application of wavelet transform in mode SSSR signal analysis and processing[J]. Telecommunication Engineering，2010，50(7)：76-80.

[29] Wu J D，Hsu C C. Fault gear identification using vibration signal with discrete wavelet transform technique and fuzzy-logic inference[J]. Expert Systems with Application，2009，36(2)：3785-3794.

[30] Sun Z S，Fan K J，Zhang B. New Development of research on the second wavelet transform based structural damage detection[J]. Journal of Zhengzhou University Engineering Science，2010，31(1)：1-5.

[31] 李国宾，关德林，李延举. 基于小波包变换和奇异值分解的柴油机振动信号特征提取研究[J]. 振动与冲击，2011，30(8)：149-152.

[32] 黄朝明. 柴油机缸套-活塞环摩擦振动量化分析方法研究[D]. 大连：大连海事大学，2011.

[33] 王大鹏. 盘式制动器制动噪声分析与研究[D]. 石家庄：河北科技大学，2012.

[34] 鲍久圣. 提升机紧急制动闸瓦摩擦磨损特性及其突变行为研究[D]. 徐州：中国矿业大学，2009.

[35] 丛培红，吴行阳，卜娟，等. 制动用有机摩擦材料的研究进展[J]. 摩擦学学报，2011，31(1)：88-96.

[36] 马洪涛，张勇亭，杨军. 汽车制动摩擦材料研究进展[J]. 现代制造技术与装备，2011，(5)：76-79.

[37] 阎致恒，苏堤. 钢纤维与硅氧铝陶瓷纤维对树脂基摩擦材料性能的影响[J]. 粉末冶金材料科学与工程，2011，16(1)：143-149.

[38] Kumar M，Boidin X，Desplanques Y，et al. Influence of various metallic fillers in friction materials on hot-spot appearance during stop braking[J]. Wear，2011，270(5-6)：371-381.

[39] 李国庆，曹阳，周元康，等. KH-550 改性钢纤维对半金属摩擦材料摩擦学性能的影响[J]. 非金属矿，2011，34(5)：75-78.

[40] 邹军，周元康，丁旭，等. 钢纤维和氧化铁粉含量对半金属摩擦材料摩擦磨损性能的影响[J]. 润滑与密封，2011，36(1)：56-60.

[41] Saffar A, Shojaei A. Effect of rubber component on the performance of brake friction materials[J]. Wear, 2012, 274-275(1): 286-297.

[42] 延军. 纳米铜树脂基摩擦材料[P]. 中国: CN200710114874. X. 2008-05-28.

[43] 王满力, 王佳佳, 周元康, 等. 纳米坡缕石增强 PF 复合材料研究[J]. 非金属矿, 2008, 31(1): 62-64.

[44] 何林, 冯雨, 李长虹, 等. 偶联剂改性纳米 Al_2O_3 粒子对 NBR 改性酚醛树脂摩擦磨损性能的影响研究[J]. 贵州工业大学学报(自然科学版), 2007, 36(6): 18-21.

[45] 程立艳. 纳米技术改性酚醛树脂的应用和研究[D]. 青岛: 中国石油大学, 2007.

[46] 邱军, 王国建. 一种纳米二氧化硅/硼改性酚醛树脂纳米复合材料的原位制备方法[P]. 中国: CN200610024676. X. 2006-10-11.

[47] 王兆滨. 摩擦材料基体酚醛树脂的纳米 SiO_2/硼改性的研究[D]. 贵阳: 贵州大学, 2006.

[48] 孙振亚, 胡纯, 雷绍民, 等. 纳米材料改性酚醛树脂合成闸片摩擦性能研究[J]. 非金属矿, 2004, 27(5): 51-53.

[49] Koratkar N. Characterizing interfacial friction damping in nano-composite materials[C]//Proceedings of 2006 Multifunctional Nanocomposites International Conference, ASME Press, 2006.

[50] Liu Y Q, Fan Z Q, Ma H Y, et al. Application of nano powdered rubber in friction materials[J]. Wear, 2006, 261(2): 225-229.

[51] 郑根仲. 非石棉摩擦材料[P]. 中国: CN200610138526. 1. 2007-05-16.

[52] 党佳, 裴顶峰, 贺春江. 纳米高岭土在合成闸瓦中的应用[J]. 铁道技术监督, 2009, 37(6): 11-13.

[53] 鲍久圣, 阴妍, 胡东阳, 等. 一种纳米铁磁性矿井提升机闸瓦配方及其制作方法[P]. 中国: CN201410183945. 1. 2014-10-15.

[54] 鲍久圣, 阴妍, 胡东阳, 等. 一种纳米超顺磁性矿井提升机闸瓦配方及其制作方法[P]. 中国: CN201410183849. 7. 2014-07-23.

[55] 鲍久圣, 胡东阳, 阴妍, 等. 一种汽车硬磁刹车片配方及其制作方法[P]. 中国: CN201410183870. 7. 2014-10-22.

[56] 鲍久圣, 胡东阳, 阴妍, 等. 一种汽车软磁刹车片配方及其制作方法[P]. 中国: CN201410183850. X. 2014-07-23.

[57] Ostermeyer G P, Müller M. New insights into the tribology of brake systems[J]. Proceedings of the Institution of Mechanical Engineers, Part D: Journal of Automobile Engineering, 2008, 222 (7): 1167-1200.

[58] Eriksson M, Bergman F, Jacobson S. On the nature of tribological contact in automotive brakes[J]. Wear, 2002, 252(1-2): 26-36.

[59] Ogiwara O, Idemura K. Tribology of brakes[J]. Journal of Japanese Society of Tribologists, 1996, 41(4): 275.

[60] Eriksson M, Jacobson S. Tribological surfaces of organic brake pads[J]. Tribology International, 2000, 33(12): 817-827.

[61] Bao J S, Chen G Z, Zhu Z C, et al. Friction and wear properties of the composite brake material for mine hoister under different initial velocity[J]. Proceedings of the Institution of Mechanical Engineers, Part J: Journal of Engineering Tribology, 2012, 226(10): 873-879.

[62] Bao J S, Zhu Z C, Tong M M, et al. Influence of braking pressure on tribological performance of non-asbestos brake shoe for mine hoister during emergency braking [J]. Industrial Lubrication and Tribology, 2012, 64(4): 230-236.

[63] Bao J S, Zhu Z C, Yin Y, et al. Influence of initial braking velocity and braking frequency on tribological performance of non-asbestos brake shoe[J]. Industrial Lubrication and Tribology, 2009, 61(6): 332-338.

[64] Deng H, Li K, Li H, et al. Effect of brake pressure and brake speed on the tribological properties of carbon/carbon composites with different pyrocarbon textures[J]. Wear, 2010, 270(1): 95-103.

[65] 温诗铸, 黄平. 摩擦学原理[M]. 北京: 清华大学出版社, 2002.

[66] 刘佐民. 摩擦学理论与设计[M]. 武汉: 武汉理工大学出版社, 2009.

[67] Shorowordi K M, Haseeb A M, Celis J P. Velocity effects on the wear, friction and tribochemistry of aluminum MMC sliding against phenolic brake pad[J]. Wear, 2004, 256(1): 1176-1181.

[68] 王兵, 吴玉程, 郑玉春, 等. 汽车用少金属制动摩擦材料的研制及其摩擦学性能研究[J]. 汽车工艺与材料, 2009, (12): 53-56.

[69] Ostermeyer G P, Müller M. Dynamic interaction of friction and surface topography in brake systems[J]. Tribology International, 2006, 39(5): 370-380.

[70] Fan S, Zhang J, Zhang L, et al. Tribological properties of short fiber C/SiC brake materials and 30CrSiMoVA mate[J]. Tribology Letters, 2011, 43(3): 287-293.

[71] Öztürk B, Arslan F, Öztürk S. Effects of different kinds of fibers on mechanical and tribological properties of brake friction materials[J]. Tribology Transactions, 2013, 56(4): 536-545.

[72] Jang G H, Cho K H, Park S B, et al. Tribological properties of C/C-SiC composites for brake discs[J]. Metals and Materials International, 2010, 16(1): 61-66.

[73] Straffelini G, Pellizzari M, Molinari A. Influence of load and temperature on the dry sliding behavior of Al-based metal-matrix-composites against friction material[J]. Wear, 2004, 256(2): 754-763.

[74] 梁爽, 陈光雄, 戴繁云. 四种闸瓦材料摩擦特性的试验研究[J]. 润滑与密封, 2006, (3): 62-64, 77.

[75] Cho M H, Cho K H, Kim S J, et al. The role of transfer layers on friction characteristics in the sliding interface between friction materials against gray iron brake disks[J]. Tribology Letters, 2005, 20(2): 101-108.

[76] Bao J S, Zhu Z C, Tong M M, et al. Dynamic friction heat model for disc brake during emergency braking[J]. Advanced Science Letters, 2011, 4(11-12): 3716-3720.

[77] Zhu Z C, Bao J S, Yin Y, et al. Frictional catastrophe behaviors and mechanisms of brake shoe for mine hoisters during repetitive emergency braking[J]. Industrial Lubrication and Tribology, 2013, 65(4): 245-250.

[78] Bao J S, Yin Y, Lu Y H, et al. A cusp catastrophe model for the friction catastrophe of mine brake material in continuous repeated brakings[J]. Proceedings of the IMechE, Part J: Journal of Engineering Tribology, 2013, 227(10): 1150-1156.

[79] Bao J S, Zhu Z C, Yin Y, et al. Catastrophe model for the friction coefficient of mine hoister's brake shoe during emergency braking[J]. Journal of Computational and Theoretical Nanoscience, 2009, 6(7): 1622-1625.

[80] 高诚辉, 黄健萌, 林谢昭. 盘式制动器摩擦磨损热动力学研究进展[J]. 中国工程机械学报, 2006, 4(1): 83-88.

[81] Chichinadze A V, Braun E D, Kozhemyakina V D, et al. Application of theories of heat dynamics and modeling of friction and wear of solids when designing aircraft brakes[J]. Journal of Friction and Wear, 2005, 26(3): 31-38.

[82] Rodzevich P E, Balakin V A, Sergienko V P. Comparative analysis of heat burden of bus brakes[J]. Friction and Wear, 2003, 24(4): 413-417.

[83] Sakamoto H. Heat convection and design of brake discs[J]. Proceedings of the Institution of Mechanical Engineers, Part F: Journal of Rail and Rapid Transit, 2004, 218(3): 203-212.

[84] Jancirani J, Chandrasekaran S, Tamilporai P. Design and heat transfer analysis of automotive disc brakes[J]. Proceedings of the ASME Summer Heat Transfer Conference, 2003, (3): 827-834.

[85] Chen W L, Yang Y C, Chu S S. Estimation of heat generation at the interface of cylindrical bars during friction process[J]. Applied Thermal Engineering, 2009, 29(2/3): 351-357.

[86] Laraqi N, Alilat N, Maria J M, et al. Temperature and division of heat in a pin-on-disc frictional device-Exact analytical solution[J]. Wear, 2009, 266(7/8): 765-770.

[87] Evtushenko O O, Ivanyk E H, Horbachova N V. Analytic methods for thermal calculation of brakes (review)[J]. Materials Science, 2000, 36(6): 857-862.

[88] Ling F. On temperature transients at sliding interface[J]. ASME Journal of Lubrication Technology, 1969, (7): 397-405.

[89] Barber J R. The conduction of heat from sliding interfaces[J]. International Journal of Heat Mass Transfer, 1970, (91): 481-487.

[90] Wang S. A fractal theory of the interfacial temperature distribution in slow sliding regime[J]. ASME Journal of Tribology, 1994, (116): 812.

[91] Kennedy F E. Surface temperature in sliding systems-A finite element analysis[J]. ASME Journal of Tribology, 1981, (103): 90-96.

[92] Tian X F, Kennedy, France E. Contact surface temperature models for finite bodies in dry and boundary lubricated sliding[J]. ASME Journal of Tribology, 1993, (115): 411-413.

[93] 马保吉, 朱均. 摩擦制动器接触表面温度计算模型[J]. 西安工业学院学报, 1999, 19(1): 35-39.

[94] 朱真才, 史志远, 彭玉兴, 等. 提升机盘式制动器闸瓦三维瞬态温度场仿真与试验研究[J]. 摩擦学学报, 2008, 28(4): 356-360.

[95] Zhu Z C, Peng Y X, Shi Z Y, et al. Three-dimensional transient temperature field of brake shoe during hoist's emergency braking[J]. Applied Thermal Engineering, 2009, 29(5/6): 932-937.

[96] Evtushenko A A, Ivanik E G. Evaluation of contact temperature and wear of composite friction lining during braking[J]. Inzhenerno-Fizicheskii Zhurnal, 1999, 72(5): 988-995.

[97] Fishbejn L A, Pershin V K. Calculation of temperature characteristics of a brake shoe[J]. Friction and Wear, 2003, 24(4): 371-377.

[98] 王营, 曹献坤. 盘式制动器摩擦片的温度场研究[J]. 武汉理工大学学报, 2003, 23(7): 22-24.

[99] Galaj E I, Balakin V A. Calculation of temperature rise in the railway wheel rim in braking[J]. Friction and Wear, 2000, 21(3): 269-275.

[100] Vernersson T. Temperatures at railway tread braking. Part 1: Modelling[C]//Proceedings of the Institution of Mechanical Engineers, Part F: Journal of Rail and Rapid Transit, 2007, 221(2): 167-182.

[101] Kovalenko E V, Evtushenko A A, Ivanik E G. Prediction of brake temperature[J]. Journal of Friction and Wear, 1996, 17(4): 10.

[102] Artus S, Staroswiecki M, Hayat S. Temperature estimation of CHV brake discs using an energy balance approach[C]//The 7th International IEEE Conference on Intelligent Transportation Systems, 2004: 390-395.

[103] Artus S, Cocquempot V, Hayat S. CHV's brake discs temperature estimation: Results in open road tests[C]//IEEE Intelligent Transportation Systems Conference (ITSC), 2005: 204-209.

[104] Balakin V A, Galaj E I. Temperature fields calculation for disc railroad brake[J]. Friction and Wear, 1998, 19(3): 323-330.

[105] Dufrenoy P, Weichert D. Prediction of railway disc brake temperatures taking the bearing surface variations into account[C]. Proceedings of the Institution of Mechanical Engineers, Part F: Journal of Rail and Rapid Transit, 1995, 209(2): 67-76.

[106] Gao C H, Lin X Z. Transient temperature field analysis of a brake in a non-axisymmetric three-dimensional model[J]. Journal of Materials Processing Technology, 2002, 129(1-3): 513-517.

[107] Jewtuschenko A, Tschukin V, Timar I. Determination of temperature field in brake systems[J]. Engineering Research, 2002, 67(6): 236-241.

[108] Kermc M, Stadler Z, Kalin M. Surface temperatures in the contacts with steel and C/G-SiC-composite brake discs[J]. Journal of Mechanical Engineering, 2004, 50(7/8): 346-359.

[109] 王志刚. 盘式制动器制动过程能量分析及温度场计算[J]. 四川工业学院学报, 2004, 23(4): 19-20.

[110] 马保吉, 韩莉莉. 盘式制动器的温度场分析[J]. 西安工业学院学报, 1998, 18(4): 311-315.

[111] Tudor A, Radulescu C. Temperature distribution due to frictional heat generated in a wheel-rail and a wheel-brake shoe contact[J]. UPB Scientific Bulletin, Series D: Mechanical Engineering, 2002, 64(4): 47-58.

[112] 王致杰, 王崇林, 李冬. 闸瓦温升与摩擦因数对提升机安全制动的影响机理研究[J]. 煤炭学报, 2005, 30(8): 149-152.

[113] Fermer M. Railway wheelsets theory, experiments and design considering temperature, stresses and deformations as induced by braking loads and contact forces[J]. Chalmers Tekniska Hogskola, Doktorsavhandlingar, 1993, (983): 72.

[114] 林谢昭, 高诚辉, 黄健萌. 制动工况参数对制动盘摩擦温度场分布的影响[J]. 工程设计学报, 2006, 13(1): 45-48.

[115] Iombriller S F, Canale A C. Analysis of emergency braking performance with particular consideration of temperature effects on brakes[J]. Journal of the Brazilian Society of Mechanical Sciences, 2001, 23(1): 79-90.

[116] Yevtushenko A A, Matysiak S J, Ivanyk E G. Influence of periodically layered material structure on the frictional temperature during braking[J]. International Journal of Heat and Mass Transfer, 1997, 40(9): 2115-2122.

[117] Pyryev Y, Yevtushenko A. Influence of the brakes friction elements thickness on the contact temperature and wear[J]. Heat and Mass Transfer, 2000, 36(4): 319-323.

[118] Olesiak Z, Pyryev Y, Yevtushenko A. Determination of temperature and wear during braking [J]. Wear, 1997, 210(1/2): 120-126.

第 2 章　盘式制动器摩擦学性能测试方法及装置

盘式制动器属于机械摩擦式制动器,它依靠摩擦片与制动盘之间的摩擦作用实现减速、调速和停车等制动功能。因此,摩擦学性能是盘式制动器最基础也是最重要的性能指标,它主要指在不同工况条件下制动摩擦副的摩擦磨损特性,评价指标一般有摩擦因数、磨损量(率)、摩擦振动与噪声等,它直接反映了盘式制动器的使用特性。

长期以来,在对盘式制动器摩擦学性能的理论研究和技术开发中,人们主要通过试验手段来了解和掌握各种因素及变化对盘式制动器摩擦学性能的影响规律。从理论研究角度,可以通过摩擦学试验考察模拟工况与实际工况条件下制动摩擦副摩擦学性能的特征与变化,探索各种内在因素(如摩擦副材料的物理、化学、力学性能等)和外部因素(即工况条件,包括载荷、速度、温度和环境条件等)对盘式制动器摩擦学性能的影响规律,从而揭示制动摩擦副摩擦磨损的成因和机理;从应用技术角度,可以通过摩擦学试验获得大量的试验数据,从而为合理确定符合盘式制动器使用条件的最优设计参数提供数据依据和技术指导。目前,各种类型的摩擦试验机是测试盘式制动器摩擦学性能的主要技术手段,并且根据各行业的具体技术要求,人们也制定了相应的试验标准和技术规范。本章对盘式制动器摩擦学性能的测试方法和试验装置进行了简要介绍,并针对当前技术不足,设计研制了一套汽车盘式制动器模拟制动试验台。

2.1　盘式制动器摩擦学性能测试方法

2.1.1　试验标准与方法概述

盘式制动器的应用范围非常广泛,从汽车、列车、飞机等各种交通运输工具到提升机、输送机等各类机械装置,凡是需要利用机械制动器参与速度调节和控制的机械系统大都配备了盘式制动器。作为机械系统的重要安全保障装置,各行业都对盘式制动器制定了严格的行业标准和技术规范,其中对于其摩擦学性能的测试更是都有明确的规定和技术要求。表 2-1 列出了车辆盘式制动器及其摩擦学性能测试的部分有关技术标准。

表 2-1　车辆盘式制动器及其摩擦学性能测试有关技术标准（部分）

标准代号	标准名称
GB/T 5763—2008	汽车用制动器衬片
QC/T 564—2008	乘用车制动器性能要求及台架试验方法
QC/T 562—1999	轿车制动系道路试验规程
QC/T 239—1997	货车、客车制动器性能要求
QC/T 479—1999	货车、客车制动器台架试验方法
QC/T 556—1999	汽车制动器温度测量和热电偶安装
QC/T 311—2008	汽车液压制动主缸性能要求及台架试验方法
GB 12676—1999	汽车制动系统结构、性能和试验方法

目前，工业界和摩擦学界用于盘式制动器摩擦学性能测试的试验方法主要有三大类，即小样试验法、台架试验法和道路试验法[1]。

1) 小样试验法

小样试验方法被摩擦学界广泛应用，它是在实验室内利用已标准化的通用摩擦磨损试验机对摩擦材料摩擦学性能进行试验，试验用的试样也是按标准要求（如形状和尺寸）加工制作。这种试验方法的优点是试验环境条件和工况参数容易控制，试验数据重复性较高，试验条件的变化范围宽，可以在短时间内获得较系统的对比试验数据。其缺点是试验条件往往与实际工况条件相差较大，导致试验数据的实用性差。因此，在进行小样试验时，应当尽可能地模拟实际工况条件，包括滑动速度和表面压力的大小和变化、表面层的温度变化、润滑状态、环境介质条件和表面接触形式等，特别要使主要试验影响因素接近实际工况条件。例如，对于高速摩擦副的摩擦磨损试验，温度影响是主要问题，应当使试样的散热条件和温度分布接近实际情况；对于低速摩擦磨损试验，由于磨合时间较长，为了消除磨合对试验结果的影响，可以预先将试样的摩擦表面磨合，以便形成与使用条件相适应的表面品质。如果使用未经磨合的试样，通常不采纳最初测量的几个数据，以排除这些可能不稳定的数据。

2) 台架试验法

台架试验方法是在小样试验的基础上，根据所选定的参数设计实际的盘式制动器（或其制动摩擦副）和专用的试验台架，并在模拟制动工况条件下进行试验。台架试验法的优点是试验条件接近实际工况，从而提高了试验数据的可靠性和实用性；同时，台架试验可以实现试验条件的强化和严格控制，可在较短的时间内获得系统的试验数据，还可以进行个别因素对摩擦磨损性能影响的研究。台架试验主要应用于校验小样试验所获得数据的可靠性以及制动器摩擦磨损性能设计的合理性。

3) 道路试验法

道路试验即为通常所说的装车试验,将盘式制动器安装在实际的车辆系统上在道路上进行制动过程摩擦学性能试验。道路试验方法的优点是试验数据的真实性和可靠性好,可以直接验证摩擦学理论研究和应用技术的正确性和有效性,也能用于检验小样试验和台架试验的结果;其缺点是试验周期长、测试费用高,并且所得试验数据是所有因素综合影响作用下的结果,因而试验数据对具体摩擦磨损影响因素的深入分析反而没有实质性帮助。

2.1.2 小样试验法

1. 测试原理

小样试验法是将盘式制动器摩擦材料制品成品或是试验样品,按照一定的规格要求,经切割磨削制成尺寸较小的试样,在相应的摩擦试验机上进行检测试验。该类方法试验条件选择范围较宽,试验周期短、成本低,试验数据重复性较好,易于发现其规律性,可比性高,影响因素容易控制,试验设备易于操作,因而被许多摩擦材料生产企业或研究机构所采用[2]。目前,大多数定速摩擦试验机均属于此种测试类别。以图 2-1 所示的块-盘式摩擦试验机为例[3],其基本原理为将摩擦材料按照规定要求,制成长 25mm、宽 25mm、厚 6mm 的小块样品,以一个恒定的压力将被测试样压在某一速度旋转的摩擦盘表面上,因而沿摩擦盘的切线方向产生一个摩擦力,通过对压力和摩擦力的测定便可确定出被测样品的摩擦因数。

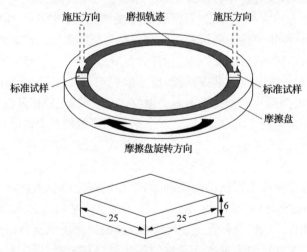

图 2-1　块-盘式摩擦试验机测试原理图

块-盘式摩擦试验机结构简单、操作方便,但由于其试验工况条件固定,不能准确模拟实际工况,所以数据可比性差,可信度低,只能进行定性说明与评价。

2. 试验标准

就国内而言,由质量监督检验检疫总局和标准化委员会发布的国家标准"汽车用制动器衬片"(GB/T 5763—2008)中,对于采用定速式摩擦试验机进行小样试验的各项指标已作出明确规定,如表 2-2 所示。由此可看出,国家标准是在 0.98MPa 定载荷和 480r/min 定转速的工况条件下进行的摩擦学性能试验,而制动器摩擦磨损性能主要指在不同工况条件(温度、速度、压力)下的摩擦因数、制动力矩、磨损量(率)、振动噪声等。大量研究表明,制动器摩擦材料摩擦磨损性能不是一个固定的特性,而是摩擦材料自身性质与使用工况的函数,在不同的工况条件下,它具有不同的表现特征[3~5]。故小样试验设计应是在不同的工作载荷、滑动速度或环境温度下进行摩擦磨损试验,对制动器摩擦材料的摩擦学性能进行测试[6]。

表 2-2　汽车制动器衬片定速式摩擦试验机试验标准(GB/T 5763—2008)

试样数量	试样尺寸/mm	试样面积/cm^2	对偶转动体	试验比压/MPa	测温区间/℃	盘转速/(r/min)	摩擦线速度/(m/s)
2	25×25	12.4	平圆盘	0.98	100~350	480	7

就国外而言,日本 JISD-4411 规定的定速试验规范和美国 SAE-J661 规定的 CHASE 试验规范是两种主流的标准试验方法。东南亚一些国家和地区,包括中国、日本、韩国等,多采用定速试验规范(中国 GB/T 5763—1998 是非等效采用 JISD 4411)[7]。JISD-4411 试验标准被广泛应用于定速摩擦试验机,它是由 JIS (Japanese industrial standards,日本工业标准)在 20 世纪 40 年代建立并经多次修改的小样试验规范。JISD-4411 规定的试验项目有磨合、升温制动试验、降温制动试验。通过拖磨或辅以电加热方式实现摩擦盘升温,采用强制水冷方式降温。试验过程中,摩擦盘转速是固定的,所以 JISD-4411 也称为定速试验方法[8]。实践证明,这种以日本 JISD-4411 标准为基础的定速试验方法,用于轻、中、重型制动衬片和离合器衬片的摩擦磨损性能评价是可行的[9~12]。我国国家标准 GB/T 5763—1998 非等效采用 JISD-4411,其标准的核心内容与 JISD-4411 相同,它是我国汽车摩擦材料行业中唯一的产品标准,同时也被国家及有关行业的摩擦材料质量监督管理部门确定为质量监督检验的方法标准,该标准 2008 年进行了修订,现行国家标准代号为 GB/T 5763—2008。

在北美一些国家,如美国、加拿大等普遍采用 SAE J661 试验规范及在其测试结果基础上制定的 SAE J866A (汽车制动衬垫和刹车块摩擦因数分级标志方法)、SAE J998A (汽车制动衬垫的最低要求)标准,其试验设备为 CHASE 摩擦试验机。国际标准 ISO 7881 参照采用了 SAE J661 标准,因此该标准及 CHASE 试验机得到了各工业发达国家摩擦材料及汽车制造商的广泛采纳和认可。需要提及的是欧洲国家不采用小样试验,直接采用总成台架试验来测试摩擦材料产品的性能[7]。另外,就试验方法的设计目标而言,其主要针对不同的工作载荷、滑动速度、环境温度条件下对摩擦材料进行小样试验,测得不同的摩擦因数和磨损量,将其绘制成关系曲线,分析得出制动器摩擦材料的工作条件(工作载荷、滑动速度、温度)对其摩擦磨损性能(摩擦因数和磨损量)的影响规律。同时,也可对不同配方的制动器摩擦材料在相同工作条件下,通过试验比较其优劣。一般,试验必须确定合理的试验水平才能得出科学的结果,水平值的大小是关系到试验成功的关键,通过正交试验可以确定对试验指标影响最大的因素和最优试验方案,即可得出最优试验水平值,再根据得出的最优水平值进行各因素间的耦合试验[6]。

小样试验法的试验条件选择范围较宽,影响因素容易控制,在短时间内可以进行较多参数和较多次数的试验,试验数据重复性较好,对比性较强,易于发现其规律性;小样试验具有试验过程简单快捷、试验设备投资与试验费用低等优点,但试验模拟条件与摩擦片工作时的实际工况有较大差距,其试验结果不足以评价摩擦材料在实际工况条件下的真实使用性能。小样试验的目的在于考察摩擦材料在特定试验条件下的材料特性,常用于新产品开发前期的配方研究与筛选试验,目前更多应用于对具有稳定配方与成熟工艺的摩擦材料生产过程中的质量监控[8]。

2.1.3　台架试验法

盘式制动器台架试验在专门的制动器台架试验机上进行,它是在小样试验基础上,用优选出的能基本满足摩擦磨损性能要求的材料,制成与实际结构尺寸相同或相似的摩擦件和对偶件,并模拟实际使用条件开展摩擦材料摩擦磨损试验,其目的在于选择摩擦副的合理结构、校验试验数据、考察摩擦件在模拟实际工况条件下的可靠性。相对于小样试验来说,台架试验项目和内容较多,虽然试验过程复杂、周期长,设备投资与试验费用高,但其工况模拟范围较广,模拟程度更接近于实际使用条件,对摩擦材料摩擦磨损性能的描述更全面,其试验数据可靠性强,容易被接受,因此台架试验是摩擦材料摩擦磨损性能试验中具有权威性的试验,更多用于产品性能的最终评定和产品质量的最终验收[13]。目前,典型的台架试验法有Krauss试验法和惯性台架试验法。

1. Krauss 试验法

Krauss试验是1965年由ATE与TEXTAR PAGID公司参照德国大众公司VW-PV3212标准制定的采用1∶1实物试件的无惯量定速试验方法。Krauss试验方法最初仅在欧洲使用,目前在质量控制和产品验收中的应用已得到北美及其他国家的认可。由于我国引进的汽车技术主要为欧美体系,所以Krauss试验方法在我国也得到了快速普及[7]。

　　Krauss 试验方法的测试原理是基于盘式制动副的摩擦制动力矩与压力成正比的特性,可归纳为:制动衬片经受多次(至少 2 次)高温热衰退和冷却后的恢复试验,在重复热衰退和恢复试验过程中,按一定的数据采集处理方法,取出指定循环首次制动过程中制动 1s 后的制动力矩瞬时值(采用计算机进行数据采集与处理时,按照力矩或压力上升到规定值的 95% 的点作为数据采集起始点),计算该点的摩擦因数(称为表征摩擦因数 μ_B),并进行处理。为具体描述和评价摩擦因数的变化,Krauss 试验又定义了 5 个摩擦因数:工作摩擦因数 μ_m、最大摩擦因数 μ_{max}、最小摩擦因数 μ_{min}、冷摩擦因数 μ_K、衰退摩擦因数 μ_F,考察温度升降过程中摩擦因数的变化。Krauss 试验法测试原理如图 2-2 所示[8]。

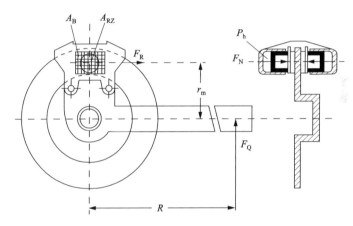

图 2-2　Krauss 试验法测试原理图

　　制动时产生的摩擦力

$$F_R = 2\mu F_N = 2\mu A_{RZ} P_h \eta \tag{2-1}$$

式中,F_N 为正压力,N;A_{RZ} 为制动轮缸活塞面积,m^2;P_h 为制动管路压力,MPa;η 为压力效率。

　　制动力矩

$$M_B = F_R r_m = 2\mu F_N r_m = R F_Q \tag{2-2}$$

式中,r_m 为有效摩擦半径,m;R 为测量力臂,m;F_Q 为所测制动力矩的当量制动力,N。

　　制动管路压力

$$P_h = \frac{M_B}{2\mu A_{RZ} r_m \eta} \tag{2-3}$$

　　摩擦因数

$$\mu = F_R / (2F_N) = \frac{M_B}{2P_h A_{RZ} r_m \eta} \tag{2-4}$$

衬片比压

$$P_B = \frac{A_{RZ}P_h\eta}{A_B} = \frac{F_N}{A_B}$$ 　　　　　　　(2-5)

式中，P_B为衬片比压，MPa；A_B为衬片摩擦面积，m²。

2. 惯性台架试验法

惯性台架试验又称为惯性测功机试验，其原理是利用飞轮动能等量模拟车辆行驶动能对制动器进行加载并测试制动过程各种特性，工况模拟条件非常接近实际，因此惯性台架试验是目前制动器和摩擦材料性能综合测试中最权威的试验方法[7]。惯性台架试验目前还没有统一的国际标准，欧洲、美国及日本等汽车工业强国和地区都有自己的行业台架试验规范和标准体系，如欧盟的 AK MASTER，美国的 SAE J212、SAE J2681，日本的 JASO 406 等，我国以日本 JASO 406 为基础，并参考其他标准，制定的行业标准有 QC/T 582—1999、QC/T 562—1999、QC/T 239—1997、QC/T 479—1999。除此之外，一些大的汽车制造商也制定了一些企业标准，如德国大众公司的 VW-TL110。对比来看，各个试验规范规定的试验项目和内容基本相同，主要有效能试验、热衰退和热恢复试验及磨损试验等，但试验程序、评定内容以及物理量名称和含义稍有不同。例如，SAE J2681 试验方法描述了压力、温度和线速度对被测材料摩擦因数的影响，其通常用于在相同条件下对摩擦材料进行比较。考虑到不同型号台架的冷却系统，衰退试验是温度控制的，使用的制动器和盘的类型根据个别试验要求而改变。再如，我国采用的轿车制动器台架试验方法 QC/T 562-1999，其测试项目主要包括制动器效能试验、制动器热衰退和恢复试验、管路失效和加力器失效试验、磨损试验。文献[13]对以上两种方法的具体试验步骤进行了对比分析，得出两者之间的主要差别：SAE J2681 试验方法考虑现实中的驱动条件、制动系统特征和汽车的动态特性，保证能在各种不同条件下进行摩擦材料性能评估。与 QC/T 562—1999 试验对比，SAE J2681 试验方法能反映 QC/T 562—1999 测试的性能，试验条件及模拟步骤多于 QC/T 562—1999 的相应规定，试验模拟汽车行驶过程中的各种条件和情况（速度、减速度、制动距离、温度等）的变化范围大、真实程度高。总体来看，目前在惯性台架试验机上进行制动器总成性能测试评估中，国际和国内都已有较为成熟的试验标准，包括一些企业也有各自的试验标准，但是对在惯性台架试验机用于评定汽车制动器摩擦学性能的试验方法却很少，也没有明确的试验标准[14]。

1）惯性台架法测试原理

汽车制动时的动能包含汽车平移质量运动的动能和旋转机件旋转时所储藏的动能两部分。惯性台架试验机采用旋转的惯性飞轮模拟汽车的上述两部分动能，并略去非制动器的制动作用来进行制动器总成试验。台架试验中，要使被试制动器总成与装在汽车上的制动器总成的工作状态相同,工作负荷相同。图 2-3 说明了制动器总成在汽车和试验机上的动能关系[15]。

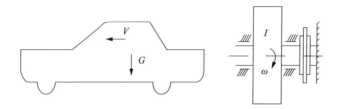

图 2-3　制动器总成在汽车和试验机上的动能关系

由动能的概念得知

$$\frac{1}{2}mV^2 = \frac{1}{2}I\omega^2 \tag{2-6}$$

由此可知,汽车的动能与试验机的动能有如下关系

$$\frac{G_a}{2g}(V_0^2 - V_i^2) + \frac{\delta G_0}{2g}(V_0^2 - V_i^2) = \frac{I_a}{2}\left[\left(\frac{V_0}{r}\right)^2 - \left(\frac{V_i}{r}\right)^2\right] \tag{2-7}$$

经推导得出

$$I_a = \frac{G_a + \delta G_0}{g} \cdot r^2 \tag{2-8}$$

式中,I_a 为汽车等价转动惯量,kg·m²;G_0 为汽车空载质量,kg;G_a 为汽车满载质量,kg;r 为车轮滚动半径,m;V_0 为开始制动时的车速,m/s;V_i 为制动终了时的车速,m/s;ω 为汽车车轮角速度,rad/s;δ 为汽车转动机件的当量控测质量系数。

式(2-10)给出的是整个汽车质量与试验机惯量的关系式,但试验中一般只对一个制动器或两个制动器进行试验测定。由于汽车上四个车轮在实际制动时都承担负荷,因此有必要考虑前、后轮制动器的制动力分配比

$$\beta = \frac{F_f}{F_r} \tag{2-9}$$

式中,β 为前、后车轮的制动力分配比;F_f 为前轮制动器的制动力,N;F_r 为后轮制动器的制动力,N。

这样,每一个前、后制动器负荷所对应的转动惯量为

$$I_f = \frac{\beta}{1+\beta} \cdot \frac{G_a + \delta G_0}{2g} \cdot r^2 \tag{2-10}$$

$$I_r = \frac{\beta}{1+\beta} \cdot \frac{G_a + \delta G_0}{2g} \cdot r^2 \tag{2-11}$$

式中,I_f 为前轮制动器相对应的转动惯量,kg·m²;I_r 为后轮制动器相对应的转动惯量,kg·m²;δ 为当量空车质量系数。

台架试验中,还要保持试验机主轴转速与试验车速的相应关系一致,即满足

$$\frac{1000}{600} \cdot V = 2\pi n r \tag{2-12}$$

式中,V 为试验车速,km/h;n 为试验台主轴转速,r/min。

换算单位后得到

$$n = 2.65 \frac{v}{r} \tag{2-13}$$

试验减速度按下式计算

$$\alpha = \frac{M \times r}{I} \tag{2-14}$$

式中,α 为试验减速度,m/s²;M 为试验制动力矩,N·m。

试验中,在保证试验条件与制动器实际工况相同的条件下,给被试制动器施加一定的驱动力,即可测得该制动过程中制动器的制动力矩、制动时间、制动管路压力、相当于整车状态的减速度以及制动器的温度等。

2) 惯量模拟方法

惯量模拟是惯性台架设计中极为重要的部分,台架试验惯量与实际汽车折算到制动盘中心线等效惯量的一致性,直接决定了制动过程中摩擦功模拟的准确性。20 世纪 90 年代以前,国际上普遍采用的模拟方式是机械模拟惯量。近年来,随着电机控制技术的发展,惯量的电模拟方法受到台架制造厂商越来越多的关注。采用电模拟技术可减少甚至取消惯性飞轮,将极大简化惯性台架的结构。目前,通过对电机输出力矩进行控制的机电混合模拟式、电模拟补偿式台架在国外已经出现。图 2-4 是美国格林公司的 125 型制动器惯性台架,采用电惯量模拟机械惯量间的级差,实现惯量的连续模拟。图 2-5 是美国林科公司的 3000 型制动器惯性台架,其惯量配置采用 2 片 75kg·m² 可调飞轮和 1 片 45kg·m² 固定飞轮,通过与电模拟惯量配合使用,惯量模拟范围可扩大到 5~250kg·m²。可以预见,采用机械惯量和电惯量混合模拟的控制方式必将成为今后惯性台架惯量模拟的主流技术[16]。

图 2-4　格林公司 125 型制动器惯性台架

图 2-5　林科公司 3000 型制动器惯性台架

（1）机械模拟方式。

惯性台架需要有一定的惯量模拟范围，以适应一定惯量范围内不同车型的试验。对于纯机械惯量台架，飞轮直接装在主轴上与主轴一起同步旋转，制动器制动过程的摩擦功全部来自惯性飞轮储存的动能。一般已知台架的测试范围，如被试制动器车型，按最小车型制动器确定最小惯量，按最大车型制动器确定最大惯量。最大惯量和最小惯量确定后，根据一定的规律设计飞轮惯量和片数，使惯量能覆盖最大惯量和最小惯量间的整个范围。在保证级差的前提下，飞轮数量和惯量值有三种组合法：等差级数法、等比级数法和等差等比混合配置法。机械模拟惯量方式容易实现，但是存在很多固有缺点：模拟的惯量必然存在级差，对于等比排列的飞轮组，级差大小即最小飞轮的惯量；模拟精度的提高完全依靠增加飞轮的片数，这将导致主轴长度过长，台架体积庞大；惯量调整不便，需要经常装卸飞轮；机械模拟惯量对检测出的惯量误差无能为力，这是机械模拟惯量最大缺陷之一；纯机械惯量台架无法模拟制动器实际使用时车辆的行驶阻力（空气阻力、车轮滚动阻力和坡度阻力等），因而不能准确模拟路试过程。

（2）电模拟惯量。

对于纯机械惯量台架，制动器在制动过程中消耗的摩擦功完全由飞轮储存的动能提供。鉴于机械模拟惯量存在诸多固有缺点，同时电动机作为电能和机械能的转换元件，输出电磁力矩和转速易于控制，因此可以考虑用电动机部分代替飞轮，为制动器提供制动能量，使制动器在制动过程中消耗的摩擦功与等惯量下纯机械惯量台架制动时消耗的摩擦功一致，且制动器的测试数据如制动力矩、制动减速度、制动距离等也与实际情况相符合，这种由电动机模拟的惯量称为电模拟惯量。

由于电动机代替了部分飞轮,实际带有电模拟惯量功能的台架通常只需安装 2～3 个飞轮,这些飞轮可以组成若干种惯量组合,组合以外的惯量值由飞轮和电动机共同模拟。

电模拟惯量与机械模拟惯量相比,具有在模拟范围内惯量连续、能够对阻力引起的惯量模拟误差进行补偿和精简惯性台架结构等优点,已受到制动器试验设备生产厂家的广泛关注。电模拟惯量在制动器惯性台架上的应用依赖于对台架自身控制系统的深刻理解,一般由制动器试验设备生产厂家、高校或相关研究机构共同研究实现。但是惯性台架试验的设备成本和试验成本都很高,对于上述研究单位而言,很难自行搭建研究平台,制动器惯性台架的使用单位往往更加关注其性能和使用情况,而不愿花费更多的资源用于设备功能的完善,使得当前国内对电模拟惯量的研究仍局限于理论分析。国外的制动系统测试设备生产厂家(如美国的林科公司)运营方式与国内大不相同,他们既是设备的生产单位,也是设备的使用单位,并为摩擦材料及制动器厂家提供产品开发和认证服务,因而相当重视在试验设备功能完善方面的投入,对电模拟惯量的研究也因此走在了世界的前列,但是由于企业技术保密,其研究成果极少公开发表。

① 电模拟惯量转速控制法。

转速控制法是最早提出的电模拟惯量实现方法之一,但面向制动器惯性台架实际应用的研究尚不多见。在制动过程中,通过控制电动机转速按一定规律变化,电动机输出力矩会根据负载进行自动调整,使主轴转速跟随电动机转速给定值,使制动器具有与理想惯性台架相同的制动过程,从而实现惯量模拟。

假设惯性台架软件时钟周期为 T,kT 时刻的转速为 $\omega(kT)$,假设软件时钟周期内的制动过程为匀减速制动,可以得到 $(k+1)T$ 时刻的理论转速为[15, 17]

$$\omega[(k+1) \cdot T] = \omega(kT) - \frac{d\omega}{dt} \cdot T = \omega(kT) - \frac{M}{I} \cdot T \qquad (2\text{-}15)$$

式中,k 为当前的时间点;T 为软件时钟周期,s;ω 为制动角速度,rad/s;M 为制动力矩,N·m;I 为试验惯量,kg·m²。

在式(2-15)中,kT 时刻的转速可以通过传感器测量或理论计算获得,制动力矩可以通过传感器实时测得,试验惯量为已知的设定值,软件时钟周期为已知的固定值。那么,根据式(2-15)控制电动机的转速,可以使主轴具有与理想制动过程相同的转速变化规律,从而实现惯量模拟。

采用转速控制法实现电模拟惯量时,惯量模拟阶段的转速控制器结构与升速时一致,均为转速电流双闭环直流调速系统,其系统结构如图 2-6 所示。但是,这种双闭环调速系统的转速控制存在很大的滞后性,模拟效果不好,可以采用前馈控制改善该系统的动态响应,改进后的系统结构如图 2-7 所示。

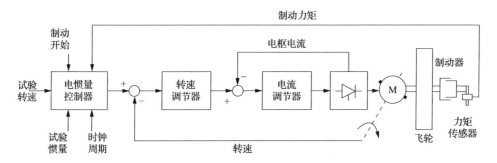

图 2-6　电模拟惯量转速控制法的系统结构图

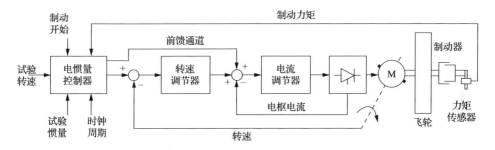

图 2-7　带前馈的电模拟惯量转速控制法系统结构图

转速控制法是最早出现的惯量电模拟方法之一,也曾备受国内外研究人员的关注,但其自身的固有缺点限制了它在实际中的应用。制动器惯性台架是大惯量大时延系统,单纯的转速电流双闭环调速系统难以获得良好的转速动态响应。惯性台架试验的转速控制一般存在两种情况:一种是恒速等待,即在恒定低转速下等待温度或时间等条件;另一种是升速制动,即在等待条件满足后升速,然后进行惯性制动。考虑到转速电流双闭环调速系统对大惯量大时延系统的动态响应较慢,文献[15]提出了一种转速分段给定法,使转速调节器提前退饱和,从而获得较好的动态响应。只要调节好比例和积分参数保证转速的稳态响应,并对转速系统进行标定,恒速等待的控制要求就可以满足。由于调速系统采用的是比例积分控制器,且惯性台架是大惯量系统,因而速度调节过程必然存在超调。可以采用软件方法,使转速在第一次超调后下降到转速设定值时封锁调速器,并进行制动,从而满足升速制动时的转速控制要求,此时调速器中转速环和电流环的比例积分参数基本确定。电模拟惯量转速控制法要求调速系统具有快速的动态响应,这在已经确定比例积分参数的情况下难以实现,因而转速控制法在实际台架试验中鲜有使用。

②电模拟惯量力矩控制法。

电模拟惯量力矩控制法与转速控制法并无本质上的差别,只是控制的对象为电动机的力矩,如果认为控制效果是理想的,那么电动机的工作状态在两种情况下将完全一致。可见,力矩控制法台架主轴的受力分析与转速控制法台架主轴的受力分析是一致的。在制动器输出相同制动力矩的情况下,整个制动过程中主轴的减速度都应该是一致的,惯量模拟过程可以转化为不同转动惯量的主轴在相同力矩作用下如何产生相同减速度的问题。如果令理想惯性台架与电惯量台架的减速度相等,则有

$$\frac{M}{I} = \frac{M + M_{LE} - M_E}{I_M + I_0} \tag{2-16}$$

整理可得

$$M_E = \frac{I - I_M - I_0}{I} \cdot M + M_{LE} \tag{2-17}$$

式中,M_E 为电动机输出的电磁力矩,N·m;M 为制动力矩,N·m;M_{LE} 为混合惯量台架阻力矩,N·m;I 为试验惯量,kg·m^2;I_M 为安装的机械惯量,kg·m^2;I_0 为基础惯量,kg·m^2。

在式(2-17)中,试验惯量、安装的机械惯量和惯性台架的基础惯量均为已知量,阻力矩 M_{LE} 通过自由停车曲线预先回归获得,电动机输出力矩是制动力矩的单变量函数。在制动过程中,制动力矩可以通过传感器在线测量,于是电动机应提供的输出力矩可以通过式(2-17)计算得出,实时控制电动机的输出力矩按式(2-17)变化,即可使电惯量台架与理想惯性台架始终具有相同的减速度,从而实现惯量模拟。

惯性台架试验的制动由升速过程和制动过程两部分组成,对于纯机械惯量台架,电动机只在升速过程中做功,对于混合惯量台架,升速和制动过程都要对电动机进行控制。考虑到台架设计的经济性要求,电动机由同一个调速器进行控制。升速过程中,转速控制法和力矩控制法均需要控制电动机的转速,采用转速电流双闭环调速系统。制动过程中,转速控制法的控制对象为电动机的输出转速,可以采用与升速过程相同的控制结构;力矩控制法的控制对象为电动机的输出力矩,需要控制电动机的电枢电流,因而必须额外增加一个切换开关,使调速器在转速控制方式和电流控制方式间进行切换,实现同一调速器在不同控制方式下的运行。

电模拟惯量力矩控制法的系统结构如图 2-8 所示。升速时,切换开关的输出与转速调节器的输出接通,此时调速系统为转速电流双闭环调速系统;制动开始后,电惯量控制器发出切换信号,使切换开关的输出直接与电惯量控制器的力矩给

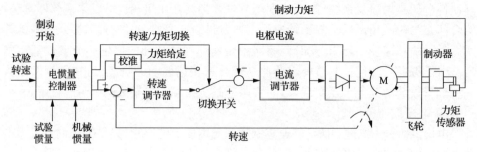

图 2-8　电模拟惯量力矩控制法系统结构图

定接通,调速器进入电流控制方式。值得注意的是,电惯量控制器实际上是惯性台架控制软件的一个模块,受计算机控制卡的硬件限制,力矩给定与转速给定采用同一模拟输出端口,必须独立进行标定,由此出现了图 2-8 中的校准环节。

利用力矩控制法实现惯量电模拟有着诸多优点:①控制系统响应迅速。与电模拟惯量转速控制法相比,力矩法采用电流闭环控制方式,控制系统仅包含电流环,且取消了给定斜坡环节,因而响应时间相当短,为毫秒级,远小于控制器的执行周期,易于实现力矩精确控制。②适用于各种制动方式。由式(2-17)可知,力矩控制法中电动机提供的力矩仅为制动力矩一个变量的函数,制动力矩可以通过传感器在线测量获得,与制动方式无关,对恒管路压力制动和恒力矩制动都能适用。③不存在累积误差。控制器的给定仅与当前采集的制动力矩有关,无论上一时刻控制器的控制效果如何,只要采集的制动力矩可靠,均能准确计算出当前的力矩给定值。但是,力矩控制法依赖于阻力矩的精确数学模型,尤其对于阻力损耗大的惯性台架,阻力数学模型的准确性直接影响惯量模拟精度;同时,对于电模拟惯量与试验惯量比值较小且制动力矩也很小的制动工况,电动机输出力矩很小,难以精确控制,容易产生较大的惯量模拟误差。

2.1.4　道路试验法

道路试验法是一种真实模拟汽车实际制动过程的检测方法,借助于安装在被测车辆上的检测设备对处于运行过程中的车辆制动性能进行实时检测,主要检测参数包括:制动距离、制动减速度和制动协调时间等。道路试验法与台架试验法相比较,优点很明显:它的真实性与可靠性较好,不仅能简单、直观地反映实际行驶过程中汽车动态的制动性能,还能综合反映汽车其他结构性能对制动性能的影响。目前,常用的道路试验法有拖印法、五轮仪测试法、非接触式运动分析仪测试法和便携式制动性能测试仪测试法等[18,19]。

1. 拖印法

车辆的制动从开始施加制动力至制动力达到最大值需要一段时间,随着制动力不断增大,车轮由自由滚动变为抱死不转,在此过程出现在路面上的轮胎印迹会发生从滚印到压印,再到拖印的变化。当制动力达到一定数值,车轮不再自由滚动,而沿着行驶方向作纯滑移运动时留在地面上的印迹即为拖印。

拖印可以反映车辆在制动过程中与地面的接触情况和运动形式,拖印试验法可以由拖印计算出制动前的速度,再结合测量所得的制动距离和制动时间对车辆的制动性能进行评价。但是,由于拖印法不能完整的反映制动情况,且极易对轮胎造成磨损,所以其实际应用并不多见。

2. 五轮仪

五轮仪是由以微型计算机为主体的二次仪表、测距传感器等组成的检测仪器，它主要用来检测车辆的速度性能、加速性能、滑行性能和制动性能等。检测时，先用夹具将"五轮"固定在汽车的侧面或尾部，然后五轮上的磁电传感器发出相应信号，经主机的信号计算处理后，即显示出速度、制动时间、制动距离等参数，该仪器适用于车速相对较低的车辆。在测试过程中，因结构、操作等因素使得检测结果在测速、测时、测距传感器的可靠性和灵敏度等方面均存在一定偏差。采用五轮仪试验法，除了需要配置高精度的计时器、标准长度的量具，还应配备一套专用的自动开关装置。例如，图 2-9 为五轮仪道路检测用的激光定位遥控同步检测装置，它主要包括两部分：同步检测仪和激光定位控制信号发射器。

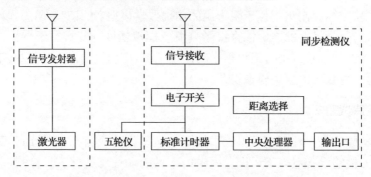

图 2-9　五轮仪激光定位遥控同步检测装置结构框图

3. 非接触式光电分析仪

非接触式光电分析仪主要由微机多路数据采集系统、光电式速度传感器以及数据预处理电路三部分组成，它集测量距离、加速度、速度等多功能检测为一体，是目前较为先进的车辆性能虚拟测量仪器。

光电式速度传感器安装在被检车辆上，镜头对准灯光反射的地面，它由大面积梳状硅光电池和光学系统组成。当车辆行驶时，地面杂乱的花纹经光学系统、光电转换、空间滤波等处理后，传感器输出周期性的随机窄宽信号，信号的基波频率与车速成正比，并且每周期严格与地面上走过的距离相对应，经过预处理后即可得到随车速变化的脉冲信号。非接触式光电分析仪的性能指标包括：测速范围 $0.5 \sim 250 \text{km/h}$，脉冲当量 4mm/脉冲，测量准确度 $\pm 0.3 \%$，重复测量准确度 $< 0.15 \%$。非接触式光电分析仪具有测量速度快、精度高、功能扩展性好、性价比高及性能稳定等优点，可适应各种机动车辆的性能检测。

4. 便携式制动性能测试仪

便携式制动性能测试仪是目前各大检测机构应用较为广泛的一种路试检测设备,其中以 MBK-01 型测试仪的应用最为广泛。MBK-01 型便携式制动性能测试仪主要由主机、踏板触电开关、加速度传感器、充电器、软件及配套电缆、微型打印机等组成,如图 2-10 所示。该测试仪的加速度传感器是耐冲击、高灵敏度的硅微电容式固态传感器,其还采用了能够快速采集且满足高计算要求的微处理机技术。

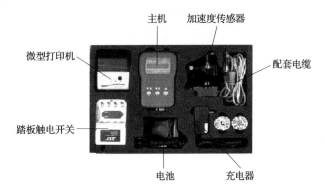

图 2-10　MBK-01 型便携式制动性能测试仪

便携式制动性能测试仪的检测过程主要由踏板触点开关、加速度传感器和主机三部分来完成,其检测原理框图如图 2-11 所示。制动踏板触点开关提供制动的起始信号,加速度传感器为探测元件,测量出车辆的制动减速度、制动时间,再经微处理机运算,最后输出车辆的制动协调时间、制动初速度、制动距离和平均减速度等检测结果,数据传输至电脑中保存或打印,再根据相关的曲线分析整个制动过程。

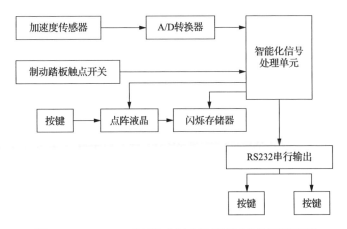

图 2-11　MBK-01 型便携式制动性能测试仪检测原理图

2.1.5　小样与台架试验法对比分析

在盘式制动器摩擦学性能的三种测试方法中,道路试验法虽然真实性和可靠性较好,但是它需要较多的人力物力和特殊的测量仪器,试验费用高,测试周期长,而且试验结果受到诸多因素的综合影响,不易进行单因素考察,难以分析问题产生的原因[1]。因此,道路试验法在专门针对盘式制动器的性能测试中实际使用并不多见。目前,盘式制动器摩擦学性能实际比较常用的测试方法是小样试验法和台架试验法。相比较而言,台架试验法的模拟条件接近实际工况,试验数据可信度大,但其试验周期长,尤其是设备投资与试验费用高,令很多企业望而却步。在不具备台架试验机的条件下,能否用现有小样试验代替或部分代替台架试验来评价摩擦材料性能成为中小摩擦材料制造商及试验研究人员尤为关注的焦点。为此,国内外研究人员曾进行了多次对比试验,具体内容是将同一配方、同一批次的产品分别在台架试验机上按台架试验标准、在小样试验机上按小样试验进行试验。通过对比人们发现:由于小样试验与台架试验在试验条件、试验过程、评价指标等方面都有诸多不同,导致台架试验与小样试验的结果差别较大[9, 12, 13, 20~24]。

(1)从试验条件看:台架试验采用实际摩擦副总成,模拟性强;小样试验是以小的试样相对于一个大的摩擦对偶,重叠系数小,与实际情况差别较大。

(2)从试验项目及过程看:小样试验只是在定速和定压工况下的连续拖磨;台架试验是由多种试验模式组成的一个完整的制动过程,不同试验模式(如效能试验、热衰退试验、热恢复试验等)具有不同的工况参数。

(3)从评价指标看:小样试验规定的仅是摩擦因数和磨损率;台架试验规定的评价指标除了摩擦因数和磨损率外,还有衰退率、力矩稳定性系数、速度稳定性及噪声等,对摩擦材料摩擦磨损性能的评价更全面。仅从具有相同物理量名称的摩擦因数的含义看,由于小样试验的模拟工况只是定速和定压,其测得的摩擦因数是在预先设定的试验条件(速度、压力、温度、时间等)下的摩擦因数;台架试验测得的摩擦因数或制动力矩则是一个完整制动过程的摩擦因数(或制动力矩)的平均值。台架试验在一次制动中,多个与制动有关的参数都是变化的,其摩擦因数或摩擦力矩产生的条件及其含义要比小样试验复杂得多,数据处理方法也不尽相同,因此难以由测得的试验数据(如摩擦因数、磨损率)直接寻得对比结果。

(4)从微观角度看:制动产生的大量摩擦热,使摩擦材料表层发生如汽化、液化、表面熔融、烧结、有机物渗出、金属镶嵌以及产生较大的温度梯度等复杂的物理化学反应,在摩擦材料表层发生动态烧结并形成包括转移膜在内的各种表面膜,使摩擦磨损特性发生变化。产生的热量越多,摩擦温度越高,表面膜结构与特性越复杂,摩擦磨损特性变化越大。台架试验中,单位面积摩擦材料吸收的能量远大于小样试验,摩擦材料表层变化更大,使其表现出有别于小样试验的摩擦磨损特性。美国 ALLIED 技术中心的 Rhee 在研究中发现:台架试验中摩擦材料表面形成的转移膜结构不同于 CHASE 试验中摩擦材料表面形成的转移膜,其结构与材料成分更加复杂[22],这进一步证明了台架试验中摩擦材料表层变化比小样试验更为复杂。

上述分析表明:由于试验目的和要求不同,小样试验与台架试验在试验设备的结构、功能以及试验方法方面均有很大差异,导致相同的摩擦材料表现出来的摩擦磨损特性却有很大不同。台架试验模拟条件接近于实际工况,试验结果更真实,具有全面性。小样试验结果是在固定工况下按小样试验规范得出的,具有特殊性和片面性,不足以对摩擦材料摩擦磨损性能进行全面评价。以前就曾出现过已通过台架和道路试验证明是好的进口刹车片,但是按定速试验规范测试却是不合格产品的案例[22]。由此可见,不同类型的摩擦磨损试验,由于试验目的与要求不同,试验方法与测试设备有所不同,对摩擦磨损性能评价的层次与角度也不同,甚至评价指标及其具体含义也有所区别,导致试验结果之间存在差异。这种差异在小样试验与台架试验的对比中表现得尤为明显。因此,现有小样试验与台架试验没有可比性,小样试验不能替代台架试验。

目前,欧美一些国家正在起草一个新标准 ISO15484(草稿)[25]。该标准实施的目的是建立一个将小样试验与台架试验统一的摩擦材料摩擦磨损试验规范,并以台架试验为主,这说明未来针对摩擦材料摩擦磨损性能的评价方法和试验规范有统一的趋势。该标准实施的前提或者标准制订过程中要解决的问题是,小样试验与台架试验采用相同的试验方法标准,对摩擦材料性能的评价应具有一致性和可比性。因此,提高小样试验与台架试验可比性的研究具有重要的现实意义。从对比的角度而言,两种试验只有具有相同的可比性基础,如相同或相似的试验条件、相同的试验原理和测试方法等,试验结果才有可比的可能性。这是专家学者在经过认真分析与研究后得出的共识,也是进一步进行小样试验与台架试验可比性研究的基础[21, 26, 27]。

2.2　小样摩擦试验机

目前,在亚洲一些国家和地区,如中国(包括台湾)、日本、韩国、马来西亚等,小样试验的主要测试设备为定速摩擦试验机,简称定速试验机,主要参照日本工业标准协会(JIS)制定的 JISD-4411 小样试验规范。包括美国在内的一些美洲国家小样试验的主要测试设备为 CHASE 摩擦试验机,简称 CHASE 试验机,采用美国汽车工程师协会(SAE)制定的 SAE J661 小样试验规范。此外,还有美国采用 FAST 试验机的 FAST 试验规范和我国采用 MM1000 试验机的"汽车用摩阻材料惯性制动试验方法"(QC/T 520—1999)。欧洲国家不进行小样试验,只采用台架试验[8]。

2.2.1　定速摩擦试验机

定速摩擦试验机是由日本人在 20 世纪 40 年代发明并首先使用的,我国在 20 世纪 70 年代从日本引进了 HP-S 型定速摩擦试验机并进行了仿制(国产型号为 DM-S 型)。针对该机弹簧测力不够精确、容易产生摩擦振动、人工调节水阀控制温度误差大、试验结果与操作水平有关等缺点[9],国内有关科研部门在 HP-S 型和 DM-S 型定速试验机基础上进行了不断改进。例如,武汉材料保护研究所在 20 世纪 80 年代研制的 MD-240 机型,吉林大学机电所于 1995 年研制的 JF150DII 机型、2002 年研制的 JF150DII 机型等。目前,国内定速试验机有 350～400 台,主要以 DM-S 和 JF150D 系列机型为主[8]。

定速试验机采用盘-块式摩擦副形式,模拟的是定压力、定速度、连续制动工况,测试以一定压力、速度连续制动时,摩擦因数和磨损率随温度变化的情况。按对偶转动体的不同,定速式摩擦试验机又可分为盘动式和块动式摩擦试验机。

1. 盘动式摩擦试验机

盘动式摩擦试验机的工作原理如图 2-12 所示。砝码通过加压装置将安装于夹具中的两个尺寸为 25mm×25mm×6mm 的试样压在旋转的摩擦盘工作表面上,试样与摩擦盘接触,当主轴带动摩擦盘旋转时即可产生摩擦力,该摩擦力使测力装置中的测力弹簧受拉产生变形,该变形量乘以测力弹簧刚度即可得出摩擦力

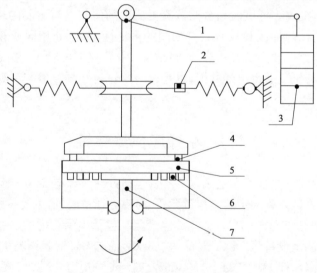

图 2-12　定速摩擦试验机原理图

1-加压装置;2-测力装置;3-砝码;4-试块;5-摩擦盘;6-加热装置;7-主轴

F。由于加压正压力 N 已知(JISD-4411 标准规定由砝码通过加压装置加在试样表面的力 $N=1225N$),由摩擦因数公式 $\mu=F/N$,即可计算出不同温度下的摩擦因数 μ。通过测量试样试验前后的厚度变化,即可计算出磨损率。

国家非金属矿制品质量监督检验中心下属咸阳新益摩擦密封设备有限公司在常用定速摩擦试验机的基础上,依据成熟的测控解决方案、可靠稳定的操作软件开发,研制出的 X-DM 型调压变速摩擦试验机是目前企业、科研单位等进行质量控制、配方研究、产品检测的主要试验设备,它具有多功能、全自动等特征,其结构示意图如图 2-13 所示。

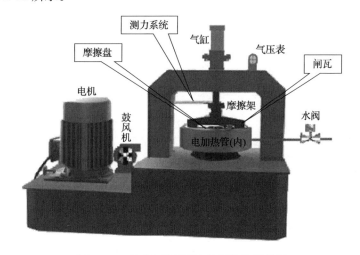

图 2-13　X-DM 型摩擦试验机结构示意图

X-DM 型试验机采用立式电机通过皮带直接传动主轴上的摩擦旋转,电机转速由变频调速器控制,正压力由预调压力的气压通过气缸对试片进行轴向加压。摩擦力矩通过安装在门架上与测力杆相连的拉压力传感器测出,摩擦盘表面温度由热电偶传出,转数则由装在主轴侧的感应式接近开关测出,然后通过计算机进行数据采集。采集的数据经过一定的处理以后可以在计算机屏幕上显示并描绘曲线。试验完成,可以进行数据保存,或者通过打印机打印输出所需的数据、曲线等。该试验机主要由主机、强电控制柜、正压力加载系统和计算机控制系统四部分组成。其中,主机除了保留定速摩擦试验机的一些优点,还采用了更为稳定可靠的门架式结构来进行正压力的加载。主旋转轴轴承采用 GB/T 297—1994 标准中的圆柱轴承承受来自加载系统的强大压力。电机皮带轮与主轴带轮的传动采用平衡拉杆设计,防止主轴在大扭矩下的变形。正压力加载系统,即气动系统采用气体通过气缸对试片进行加压,并在预先设定的情况下,由计算机通过 PLC 进行自动控制。强电控制柜里装有变频调速器、PLC,通过计算机对正压力和转速进行自动控制,里面的放大器、温度变送器将摩擦力和温度信号送给计算机进行处理,其他的二类机电则由计算机控制起停主电机、电加热、风机、水阀、气阀等动作。计算机测控系统采用自行开发的可视化编程软件,可对正压力、磨盘转速、温度进行设定并控制,且可以根据需要对主电机变频器、电加热、风机、水阀、气阀进行控制。系统采用FUJI 变频器完成速度调节,采用西门子 PLC 完成数据的采集和控制,计算机与PLC 通信,完成控制参数的设定以及试验数据的显示、存储、打印等功能。

X-DM 型试验机所能实现的主要测试功能包括:

(1) 在同压、同速条件下,进行不同温度的试验(100～400℃);

(2) 在同温、同压条件下,进行不同速度的试验(线速度 6.28～31.4m/s,相当于汽车 30～180km/h 的速度);

(3) 在同温、同速条件下,进行不同正压力的试验(0.5～3.0MPa);

(4) 在同速、同压条件下,进行摩擦升温试验(强制磨损试验);

(5) 在同速、同压条件下,进行模拟制动试验。

X-DM 型摩擦试验机的主要技术参数如表 2-3 所示。

表 2-3　X-DM 型摩擦试验机主要技术参数

技术指标	技术参数
总功率	20kW
测试最大摩擦力	2000N
正压力测试范围	0.5～3.0MPa
摩擦盘转速范围	100～2000r/min
测试最高温度	400℃
摩擦盘	材质为 GB/T 9439 标准规定的灰铸铁 HT250,硬度为布氏硬度 180～220HB,摩擦盘金相组织为珠光体,表面经 JB/T 7498 中粒度为 P240 的砂纸处理

按照相关标准的规定,定速摩擦试验机应达到如下技术要求。

(1) 摩擦盘材质为 GB/T 9439 中灰铸铁,牌号为 HT250,硬度标号 195HB(180～220HB),圆盘金相组织为 95％以上珠光体,其表面用 JB/T 498 中规定的中粒度为 P240 号的砂纸磨光处理。

(2) 摩擦力采用力传感器测量,由计算机自动记录。

(3) 摩擦盘表面温度的测定方法是:将热电偶感温头焊接在 8mm×8mm×0.6mm 的银片上,以 0.1～0.2N 的压力,放在摩擦盘摩擦轨迹宽度的中线上,且距一个试件中心沿旋转方向 50～100mm 处。

(4) 摩擦盘温度可以在 100～350℃内进行自动控制调整,控制精度在±10℃范围内。

2. 块动式摩擦试验机

块动式摩擦试验机的基本原理是将摩擦片按照规定要求,制成 25mm×25mm 规格的小样品,以一个恒定的压力将被测试样压在压盘的表面上,并由电机带动摩擦片样品以某一转速旋转,则沿接触面的切线方向会产生一个摩擦力,通过对压力和摩擦力的测定便可确定出被测样品的摩擦因数。即 $\mu = F/N$,其中,μ 为摩擦因数,F 为摩擦力,N 为负荷。同时,通过温度传感器可测得摩擦表面的即时温度变化,通过试验前后的称重测得每次试验的磨损量。

块动式摩擦试验机的结构简图如图 2-14 所示[6]。主轴由电机带动旋转,摩擦片试样通过夹具固定在手臂的方孔内,随主轴一起旋转;压盘通过夹具固定在机身上;加载系统通过砝码加载,配有力传感器,即时读取摩擦过程中的载荷值;加载后摩擦片试样紧紧压在压盘上,电机旋转时,两试样表面就产生了滑动摩擦。

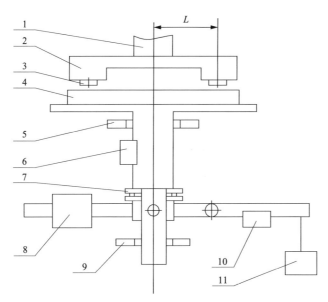

图 2-14　块动式摩擦试验机结构简图

1-主轴;2-传力手臂;3-摩擦片试样;4-压盘试样;5-滑动轴承;6-扭矩传感器;7-滚动轴承;8-平衡块;
9-滑动轴承;10-力传感器;11-砝码

图 2-15 是上下试样及其夹具的机械结构图。摩擦片试样通过螺栓固定在方块夹具中,方块与手臂的固定为间隙配合,方便拆卸。压盘夹具的设计巧妙地利用了压盘上的 3 个凸耳,在凸耳处用螺栓与压盘夹具固定,压盘夹具通过压盘安装附件与机身固定。

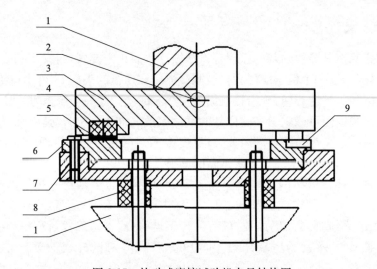

图 2-15　块动式摩擦试验机夹具结构图

1-试验机；2-定位销；3-传力手臂；4-摩擦片试样安装块；5-摩擦片试样；6-压盘试样；7-压盘夹持盘；
8-压盘安装附件；9-温度传感器安装孔

2.2.2　恒摩擦力试验机

　　小样试验中还有一些试验设备，如采用恒摩擦力试验方法的 FAST 试验机。FAST 是英文 friction assessment screening test 词头的缩写，意为摩擦评定筛选试验。它与 CHASE 试验机是美国并存的两种利用小样形式对摩擦材料摩擦磨损性能进行测试与评价的小样试验机。该机由美国福特汽车公司为评定制动衬片和离合器摩擦面片的摩擦磨损性能而研制，并用于产品质量控制。FAST 试验机采用盘-块式摩擦副，其试样尺寸有 2 种：25.4mm×25.4mm×2.6mm 和 12.6mm×12.6mm×2.6mm，可根据需要选择。其主要试验方法是恒摩擦力试验。当摩擦因数因热衰退而减小，导致摩擦力降低时，可采用提高试验压力的方法保持恒定摩擦力，这与制动衬片在行车制动中的工作状态——加大制动踏板力提高制动系统管路压力相似，因而试验具有较好的模拟性。

　　FAST 试验机的结构与外形如图 2-16 所示，其工作原理图如图 2-17 所示[20]。试验机本体主要部件有驱动电机、摩擦盘、加载臂、夹紧总成、控制阀总成、基座兼储油室，压力传感器及附于本体上的开关柜和电动油泵，本体外另有 X-Y 记录仪一台。摩擦盘与驱动电机主轴直接连接，盘的两个表面都可使用，其非摩擦表面采取绝热措施，如外加隔热护罩等。加载臂右端以万向支承为支点（图 2-17），它作为试件的支架，其上装有试件夹具，把试件夹在加载臂上。试件夹具两面可用，一面夹持 0.5″×0.5″试样，调换另一面可夹持 1″×1″试样。加载臂左边平行于 F 方向设置一凹槽,通过反应杆把 F 转换作用到控制阀的柱塞阀上,形成 F_f 和 P_f。加载臂最左端设有开口槽,用细螺柱与夹紧总成相连,其左端还设有限位装置,防止试样过度磨损时与转动的摩擦盘擦伤[28]。控制阀总成为双筒柱式阀,其中之一接受 F_f,产生 P_f;另一阀则设有载荷控制调节螺杆,用来调节 P_f,直到 P_f 达到试验规定值。控制阀总成的作用是,控制调节夹紧总成的压力,以保持 P_f 恒定。它起电液伺服阀的作用,但其机构纯属机械式。夹紧总成通过细螺柱,沿平行于盘转动中

图 2-16　FAST 试验机外观图

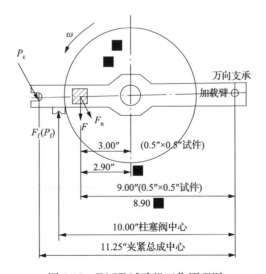

图 2-17　FAST 试验机工作原理图

心方向,经加载臂把试样压紧在摩擦盘上。试件的 F_n 由夹紧总成产生,夹紧总成内也设置了一个后限位装置,限制机构行程,防止其因错误调整而遭损坏。压力传感器把 P_f 转换成记录仪的电信号,予以记录。FAST 试验机可研究测定摩擦因数与温度及压力的关系,在选购或添置若干辅助装置,如调速测速系统、红外线高温计等时,还能研究摩擦因数的速度特性,其余用途可扩展到静摩擦、衰退特性、尖叫界限、残留拖磨等。FAST 试验一般试验以连续拖磨方式进行,总滑磨时间为90min。由于整个试验过程是恒摩擦力(力矩)和定速度,使摩擦功相同,即摩擦热的发生率成为定值,最高盘温相同,而且保证摩擦盘表面温度随时间(指 90min)变化具有重复性。据美方测定,最高盘温波动在 $\pm 3℃$ 以内,但这一结论未对环境温度条件作出说明。

　　FAST 试验条件重复性好、试验结果可比性强,但当摩擦材料产品材质不均匀性严重时,试验结果将出现离散。因此,美方对此有较高评价,认为它能鉴别摩擦材料组分的变动。FAST 试验多用于摩擦材料的配方研究、强化试验及某些摩擦现象的机理研究,但并没有得到普及,实际使用较少[20]。

2.3　台架式摩擦试验机

　　制动器台架试验需要在专门的台架试验机上进行。台架式摩擦试验机因其设备价格昂贵及使用率较低等原因,目前只有一些规模较大的摩擦材料生产企业、研究机构和拥有资质的检测中心才有此类试验设备,一般企业在进行新产品研发生产时,大多是采取委托检验的方式进行。目前,典型的台架式摩擦试验机有 Krauss 试验机和惯性台架试验机。

2.3.1　Krauss 试验机

　　以制动器实物为测试对象的制动试验机中,最典型的就是 Krauss 试验机。该机由德国 ATE-TEVES 与 ERICH. KRAUSS 研制开发,并于 1965 年由 Krauss 公司制造推广,故称为 Krauss 试验机(或 ATE 试验机)[29]。Krauss 试验机最基本的特征是采用原尺寸刹车片和原配制动钳、制动盘为试验对象,对于鼓式制动器也是如此。Krauss 试验机最初是专为解决广泛用于轿车的盘式制动器摩擦衬片摩擦性能的测试问题而研制的,试验原理依据盘式制动副摩擦制动力矩与压力成正比的特性而确定。由于采用原尺寸刹车片和原配的摩擦对偶件,所以具有优良的模拟性和数据重现性,且试验简捷快速、经济可靠,多年来的应用使 Krauss 试验机已被欧洲乃至全世界摩擦材料和汽车制造厂商所广泛认可[8]。

　　最早期的 Krauss 试验机是不附带惯量的实样试验机,而现代的 Krauss 试验机已经逐步发展成一种可附加惯性飞轮系统的综合性摩擦试验机。除了机械结构和控制手段更先进,基本功能也更加完善:试验对象由单一盘式片扩大到鼓式片,主轴转速由定速发展为可调速,负荷加载方式在拖磨方式的基础上增加了惯性飞轮加载,有些型号的试验机还设有力矩恒输出功能。目前,最完善的 Krauss 试验机就是一台小型的 1:1 惯性台架(dynamometer),而且比惯性台架功能更齐全。Krauss 试验机主要参数和基本试验内容分别如表 2-4 和表 2-5 所示[8]。

表 2-4　Krauss 试验机参数表

转速	660r/min,相当于车速:75~120km/h(根据不同车型选定)
制动管路压力	0.2~10MPa(恒定),具体压力根据制动衬片的面积确定
摩擦片比压	大约 1MPa
制动力矩	50~500N·m,取决于电机功率
制动时间	5s
释放时间	10s
每一循环制动次数	10 次
循环数	10 个循环
制动次数总和	100 次

表 2-5　Krauss 试验机典型试验过程表

程序	说明	制动数	起始温度/℃	下限温度/℃	上限温度/℃	冷却	恒压力/矩
	基准	1×30	100	100	300	开	恒压力
主部	冷值	1×10	25	100	800	关	恒压力
	衰退	5×10	100	100	800	关	恒压力
	恢复	1×10	100	100	800	开	恒压力

　　Krauss 试验机摩擦因数计算有严格的限制:取每一循环首次制动力矩曲线上制动开始 1s 后的点计算摩擦因数,此点测出的摩擦因数称为表征摩擦因数,用 μ_B 表示;取记录曲线最低点计算出摩擦因数称为最小摩擦因数,用 μ_{min} 表示;取记录曲线的最高点计算出的摩擦因数称为最大摩擦因数,用 μ_{max} 表示。

　　目前,国内已经能够设计制造 Krauss 试验机。例如,吉林大学机电所研制生产的 JF132 型试验机是在充分吸收德国 RWD C 系列机优点基础上,针对我国用户的实际需要而设计的一种兼有惯性台架功能的 Krauss 试验机,其结构如图 2-18 所示[8]。

　　JF132 型摩擦试验机由驱动系统、传动系统、执行系统和测控系统四大部分组成。驱动系统采用变频电机驱动,变频电机将专用变频感应电机和变频器结合起来进行调速,这使得机械自动化程度和工作效率大为提高。传动系统由轴、轴承、联轴器、飞轮等组成,其中惯量可调的飞轮用来模拟制动器承受的工作惯量。执行机构是盘式制动器,它由制动盘、摩擦片以及液压系统组成,液压系统主要为盘式

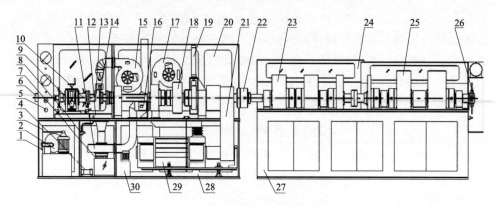

图 2-18　JF132 型摩擦试验机结构图

1-伺服阀；2-液压站；3-气动元件板；4-隔离缸；5-减压阀；6-集流环；7-电控箱；8-集成块；9-拉压传感器；10-滑台总成；11-冷却除尘风机；12-接水盘；13-被试制动；14-制动盘；15-冷却风机；16-测速直流电机；17-主电机冷却风机；18-主轴系总成；19-静力矩试验总成；20-上箱体；21-同步齿形带；22-联轴器；23-惯性飞轮系左半总成；24-机罩；25-惯性飞轮系右半总成；26-紧急制动器；27-惯性系统箱体；28-主机箱体；29-主电机总成；30-浸水箱总成

制动器提供能量进行制动。测控系统包括测试系统和控制系统两部分,测试系统由传感检测系统、数据采集系统、计算处理系统组成,传感检测系统包括红外测温仪、转矩转速传感器、位移传感器,能实时监测制动力矩、转速、温度、压力等影响盘式制动器摩擦学性能的各种外部因素;数据采集系统主要包括滤波器、功率放大器和 A/D 转换器,起到对各监测信号进行采集、滤波、放大和转换处理的作用;计算处理系统主要包括微处理器、计算机和上位机软件程序,可以根据监测数据进行故障诊断和预报,同时可以对试验台进行自动化控制。控制系统由上位机、微处理器、变频器、电磁离合器、空气对流装置和电磁阀等组成,并通过变频器对变频电机进行调速,通过电磁离合器对飞轮惯量进行选择,通过空气对流装置对环境温度和湿度进行调节,通过电磁阀对制动系统进行控制[30]。

2.3.2　惯性台架试验机

惯性台架试验机简称惯性台架,最初是为解决鼓式制动器摩擦衬片摩擦性能测试问题而研制的。随着技术的进步和发展,现代的惯性台架已不局限于此,可以满足多种类型制动器测试的要求。惯性台架功能齐全,控制手段先进,工况模拟性强,是制动器和摩擦材料性能综合测试中最具权威性的测试设备。惯性台架根据机械结构可分为单工位和多工位,根据制动器车型载重量不同,还有轻型、中型、重型之分。此外,按被试件尺寸与原型件的比例又可分为 1:1 台架和缩比台架,我国现有的铁路闸瓦 1/4 缩比试验机就是缩比台架的实例[20]。

1. 基本结构

大多数惯性台架都是采用飞轮为惯性负载的机械模拟式台架,主要由主电机、飞轮系统、滑台、控制系统、测量系统等构成,其模拟原理是利用飞轮旋转质量动能等效模拟车辆行驶动能。图 2-19 所示为吉林大学研制的台架试验机的组成结构图,主要由工业计算机、控制柜、调速柜、主机、液压系统和气泵等部分组成[25]。工业计算机是控制系统的核心,通过安装在 PCI 插槽内的数据采集卡采集温度、压力、力矩和减速度等信号,并向系统中的各个环节发出动作指令,从而控制整个系统的运动。控制柜内置数据采集控制箱和动力开关及保护装置,是数据流的集散地。它将采集到的模拟信号及数字信号进行处理,转换成计算机能够识别的信号,同时将计算机发出的指令传送到各个执行元件,保证计算机命令的有效执行。调速柜是主轴电动机的驱动器,其核心部件是 Eurotherm 590＋调速器。调速器根据计算机发出的命令迅速调节主电机的转速或转矩,使之按照设定程序的要求动作。Eurotherm 590＋调速器功能十分强大,支持脉冲编码器反馈,可以方便地构成转速电流双闭环调速系统;通过调节系统的比例积分参数,能够实现速度的准确、快速响应;根据主电机脉冲编码器的反馈,该调速器还可以精确计算主电机速度信号,完成速度信号的测量。主机是台架试验机的主体,主要由飞轮、驱动电机、试件和气动液压装置组成。主电机由调速柜供电,驱动飞轮转动,模拟汽车的实际运转情况。气动液压装置的选取根据制动器的种类确定,而压力的控制要求则根据试验标准的要求确定。鼓风机和引风机构成了台架试验机的冷却除尘系统。根据试验标准的要求,鼓风机和引风机设定一定的风速以满足试件制动时的冷却要求。气泵和液压站为气动液压系统提供压力源。

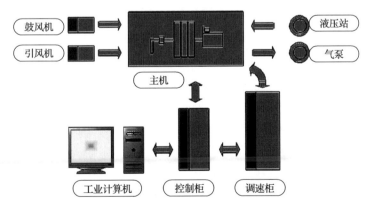

图 2-19　台架试验机组成结构图

惯性台架试验机主机即机械部分一般由驱动电动机、传动机构、主动轴及惯性飞轮组、从动轴、连接法兰等组成,台架试验机惯量大,一些大型客车、货车试验机的转动惯量高达 4000kg·m²。目前常用的惯性式汽车制动器试验机有单轮、双轮和四轮等几种结构,图 2-20 所示为多轮惯性台架试验机的基本结构示意图[15]。总体而言,惯性台架试验机的机械结构一般有以下几个特点:

(1) 系统的摩擦阻力小,采用直线传动,最大限度减少轴承的数量;

(2) 主轴刚度高,减小因扭曲形变产生的误差;

(3) 飞轮合理布局,减小主轴负荷,采用多片飞轮组合,布局时考虑操作人员装卸飞轮工作的易操作性;

(4) 机架刚度高,保证飞轮动平衡的稳定性,一般采用一体化机架,机架底部用地脚螺栓固定。

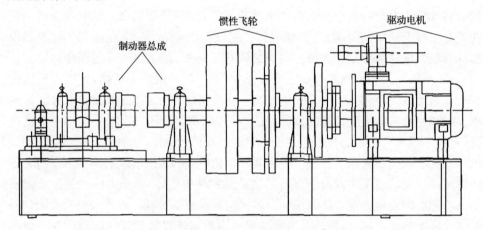

图 2-20　惯性台架试验机机械结构示意图

2. 测试功能

飞轮动能等量模拟车辆动能对制动器进行加载,制动系统、制动压力等都可以模拟实际工况,现代的惯性台架模拟条件更加完善,控制软件方面更加灵活且适应性强,测量数据处理采用计算机而更加方便和精确。台架试验机一般测试功能包括[14]:

(1) 具有 Krauss 试验机的全部功能;

(2) 具有恒力矩(恒输出)试验功能;

(3) 具有冷却风速模拟功能;

(4) 具有静力矩测量功能;

(5) 具有手刹车性能试验功能(选择项目);

(6) 具有制冷冷却功能(选择项目);

(7) 全面计算机控制,检测、绘图、打印报告;

(8) 软件充分人机对话,可执行现有全部惯性试验标准。

近年来,随着对车辆制动性能要求的不断提高,各种先进的安全控制技术,如ABS(防抱死制动系统)、ASR(驱动防滑系统)等被不断采用。与此同时,新的测试内容被不断地提出,惯性台架试验方法与标准的内容也被不断扩充,从而促进了对惯性台架在结构、功能和控制手段等方面的不断改进和完善,其适应性进一步增强。目前较先进的惯性台架已不局限于制动器的常规测试。例如,吉林大学机电所研制的 JF122C 型惯性台架,除了可进行制动器的常规测试,还具有 ABS 和ASR 测试功能,JF122N 型惯性台架更是附加有 NVH(制动噪声)测试功能[13]。

随着计算机技术的不断发展,制动器惯性台架的加工、控制水平和功能也日臻完善。国外一些大的摩擦材料测试设备生产厂家,如德国的申克公司、美国的林科公司等,均研制了功能相当齐全的惯性台架试验机。例如,图 2-21 所示为美国林科公司的 NVH3900 型台架试验机,其技术参数如表 2-6 所示。该试验台采用机械-电混合模拟惯量,集成了 NVH 试验、振动试验和低温试验等多种试验项目,是目前国际上最先进的惯性台架试验机之一[15]。

图 2-21　NVH 型制动器惯性台架试验机

表 2-6　NVH 型制动器惯性台架试验机技术参数

软件包	基于 Windows 操作系统的 Prolink 软件包
采样频率	1000samples/s
主电机	185kW 直流电机
最高转速	2000r/min
最大制动压力	206bar(1bar＝10^5Pa)
制动方式	气液增压方式,最大升压速度 517bar/s
惯量系统	机械模拟惯量＋电模拟惯量,最大 250kg·m^2,最小 2.9kg·m^2
温度	4 路旋转温度测量＋4 路静止温度测量
最大力矩	5640N·m

　　我国摩擦材料测试设备的研究工作起步较晚,但随着我国汽车工业的飞速发展,各种制动性能测试设备的研究也取得了长足进步。目前,国内已经可以自主生产各种惯性台架,功能基本与国外产品相似。例如,图 2-22 是我国自主研制的NT11-2K 型制动器惯性台架,测试功能包括:惯性制动试验、驻车试验和静力矩试验等多种试验项目,用户可以按照各种通用试验标准或自定义的企业标准编制试验程序,试验过程自动执行,并自动生成试验报告[15]。

图 2-22　NT11-2K 型制动器惯性台架

2.4　汽车盘式制动器模拟制动试验台研制

　　近年来,汽车已逐渐发展成为人们最主要的交通方式之一,对汽车盘式制动器摩擦学性能要求越来越高,其性能指标也呈现出多样化的趋势。现有汽车惯性台架由于设计所限,往往存在不能真实模拟汽车行车环境、不能准确模拟制动器承受惯量等技术不足,难以满足汽车盘式制动器摩擦学性能的测试要求。因此,为了真实模拟汽车行驶制动工况测试其盘式制动器摩擦学性能,本书设计并研制了一套汽车盘式制动器模拟制动试验台。

2.4.1　总体方案

　　设计的汽车盘式制动器模拟制动试验台主要由台架、变频电机、变频器、主轴、惯量飞轮组、汽车制动系统、空气对流装置和测控系统等部分组成,其结构示意图如图 2-23 所示[30,31]。试验台采用变频电机作为驱动设备,用惯量可调的飞轮组模拟制动器承受的工作惯量,用空气对流装置模拟制动器行车对流环境,由液压系统为盘式制动器提供能量进行制动,由测控系统对试验台进行控制,并监测制动时的制动力矩、转速、温度、正压力等工况参数。在结构上,电机、转矩转速传感器、主轴通过弹性柱销联轴器依次连接,飞轮通过轴承安装在主轴上,并通过牙嵌式电磁离合器控制其与主轴之间的离合;为了真实模拟汽车制动工况,试验台的制动系统采用了汽车盘式制动器实物,并通过联轴器与主轴连接;测控系统的测试部分主要包括红外测温仪、转矩转速传感器、位移传感器和 PLC 等,各传感器检测的数据经处理后由 PLC 采集输送到计算机进行计算处理和显示输出。

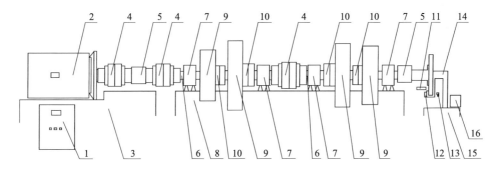

图 2-23 汽车盘式制动器模拟制动试验台结构示意图

1-变频器;2-电机;3、8、15-台架;4-联轴器;5-扭矩转速传感器;6-主轴;7-轴承座;9-飞轮组;10-离合器;
11-空气对流装置;12-位移传感器;13-红外测温仪;14-汽车盘式制动器;16-液压系统

2.4.2 机械传动系统

1. 惯性飞轮组

汽车前后四个车轮一般都需要配备制动器,在实际使用时各制动器承受的惯量并不完全相等。根据有关文献计算,汽车制动时前轮制动器承受的惯量会占汽车全部惯量的 70%~80%,因此后轮制动器所承受负载的惯量为

$$I = \lambda \frac{(G_1 + 7\%G_0)r^2}{2} \tag{2-18}$$

式中,G_1 为满载质量,kg;G_0 为空车质量,kg;I 为惯量,kg·m²;λ 为后轮惯量系数,一般取 20%~30%。

由于汽车后轮有两个制动盘,所以若模拟其中一个制动器,则所分得的惯量为 I 的一半。通过市场调研和计算,得出常用车型的一个后轮制动器所承受载荷惯量的大小如表 2-7 所示。

表 2-7 常用车型后轮制动器所承受的载荷惯量

车型	比亚迪	新迈腾	奇瑞QQ	现代	奔驰
惯量/(kg·m²)	5.8~8.71	7.07~10.6	3.27~2.91	5.8~8.7	7.4~11.14

参照表 2-7 表并考虑预留一定的调节范围,确定本试验台模拟汽车的一个后轮盘式制动器所需提供的惯量范围为 2.4~12.4kg·m²。

目前,飞轮的数量和惯量值的组合方法主要有三种:等差级数法、等比级数法、等差等比混合配置法。使用等差级数法得到的飞轮片数会较多,使用等比级数法确定的飞轮数虽然少得多,但是不能精确的得到相应的惯量。为此,本书设计的制动试验台采用等差等比混合配置法进行分配,即在同一台架的惯量飞轮中,同时采用等差级数法和等比级数法确定飞轮惯量。经计算,确定惯量用四个飞轮组合来模拟,每个飞轮分配的设计惯量值分别为:1.5、2.4、3.5、5(单位:kg·m²),这样组合起来试验台可模拟的惯量将共有 13 个取值,分别为:1.5、2.4、4、3.5、5、6、6.5、7.5、8.5、9、10、11、12.4(单位:kg·m²)。

根据允许圆周速度[v]和结构,按式(2-19)确定飞轮直径 D 的范围。

$$D \leqslant \frac{60 \times 100 \times [v]}{\pi n} \approx \frac{1910 \times [v]}{n} = \frac{1910 \times 80}{1500} = 102 \tag{2-19}$$

式中,[v]为允许圆周速度,m/s,查找机械手册,取[v]为 80m/s;n 为飞轮转速,r/min;D 为飞轮直径,cm。

飞轮厚度 b 可根据式(2-20)计算。

$$b = \frac{32J}{\pi D^4 \rho} \approx 1306 \frac{J}{D^4} \tag{2-20}$$

式中,ρ 为飞轮材料密度,kg/m³;J 为飞轮惯量,kg·m²;b 为飞轮厚度,cm。

考虑电磁离合器的厚度、轴距底座的高度及螺钉长度,可以先确定飞轮厚度,再利用相应公式计算飞轮直径。本试验台的飞轮厚度取为 100mm,材料选用 Q235A,材料密度为 7850kg/m³,经过计算得到试验台飞轮组各飞轮的尺寸如表 2-8 所示。

表 2-8　飞轮组的尺寸数据表

飞轮代号	惯量大小/(kg·m²)	直径 D/mm	厚度 H/mm	占总惯量比值/%
1	1.5	374	100	11.6
2	2.4	425	100	19.4
3	3.5	462	100	27.1
4	5	506	100	38.8

2. 电磁离合器

为了便于组合调节惯量,本试验台飞轮组的每个飞轮都配备了一个电磁离合器用于控制飞轮与主轴之间的离合。电磁离合器的选型主要围绕以下两个步骤展开。

(1) 根据设计要求确定电磁离合器的类型。因本试验台要求电机在不停转的情况下,利用离合器的接通或断开实现飞轮的吸合与释放,而且维护过程中应尽量避免拆卸更换离合器易损部件(如摩擦式离合器的摩擦片),所以可选用牙嵌式电磁离合器。

(2)根据工况参数确定电磁离合器的型号。本试验台除了电机及上位机采用强电电源,其余均采用 24V 稳压电源作为供电电源,故电磁离合器的驱动方式也选为 24V 稳压电源;由后面的驱动电机选型可知,电机的最高转速为 1910r/min,结合牙嵌式电磁离合器选型样本,最终选定 DLY5-63A 型牙嵌式电磁离合器,其电刷额定电压为 24V,允许最高转速为 2500r/min,额定转矩为 630N·m(试验台制动力矩一般不超过 200N·m),故可满足要求。

3. 驱动电机

目前,调速方式主要有交流电机变频调速和直流电机整流调速两种。直流电机调速方法简单,且不需要其他辅助设备,但是其自身的结构较为复杂,生产成本高。交流电动机的调速随着大功率可控晶闸管技术的发展,也变得极为简单,使交流电动机制造成本低廉、使用寿命长等优点得以体现。为此,本试验台动力驱动装置选为交流电机,要求转速可调,并且电机的功率和转速符合主轴最高转速和制动时间的要求。主轴最高转速即为汽车车轮转速,可按式(2-21)计算。

$$n = \frac{v}{2\pi r} \tag{2-21}$$

式中,v 为汽车行车速度,m/s;r 为汽车车轮半径,m;n 为汽车车轮转速,r/min。

电机型号选取需要考虑试验台模拟惯量、制动时间和转速大小,该模拟试验台最大模拟惯量为 12.4kg·m²,汽车车轮半径的平均值一般在 0.25m 左右,行车速度最高可达 180km/h,而制动时间则为 20～30s。计算可得到试验台需要模拟的最高车轮转速约为 1910r/min,根据角速度与转速的关系按式(2-22)可计算出最大角速度为 200rad/s。

$$\omega = \frac{2\pi n}{60} \tag{2-22}$$

式中,n 为车轮转速,r/min;ω 为角速度,rad/s。

再根据式(2-23),计算可得最大角加速度 6.67rad/s²。

$$a = \frac{\mathrm{d}\omega}{\mathrm{d}t} = \frac{\Delta\omega}{\Delta t} \tag{2-23}$$

式中,a 为角加速度,rad/s²;$\Delta\omega$ 为角速度从最大值减到零的差值,即最大角速度,rad/s;Δt 为角速度从最大值减到零的时间,即制动时间,取为 30s。

根据最大角加速度和最大惯量,按式(2-24)和式(2-25)分别可求得电机的最大驱动力矩和最大驱动功率分别为 82.7N·m 和 16.54kW。

$$M_q = J\alpha \tag{2-24}$$

$$P_N = \frac{M_q n}{9550} \tag{2-25}$$

式中,J 为惯量,kg·m²;M_q 为驱动力矩,N·m;P_N 为驱动功率,kW。

为方便调速,本试验选用交流变频电动机。考虑到试验过程中的其他损耗,实际电机选用型号为 YVP160L2-2,功率为 18.5kW,变频器为相应功率的西门子 MM430 系列。

4. 传动轴

传动轴的设计主要涉及轴上主要零件的布置和轴径的确定。由于惯量飞轮组有 4 个飞轮,全部与电磁离合器离合连接,且因为是试验台,轴不宜过长,所以综合考虑后,采用 2 根轴、4 个轴承座支承、中间用一个联轴器连接的设计方案。在 4 个飞轮的位置布置设计中,主要考虑了两点:①尽量使径向载荷在轴上靠近,这样 4 个支承点的负荷差距不大;②考虑到轴的动平衡,将惯量大的飞轮置于中间。

主轴的最小直径 d_{min} 可按式(2-26)计算,并加大 3% 以考虑键槽的影响。

$$d_{min} = A \times \sqrt[3]{\frac{P_1}{n_1}} \tag{2-26}$$

式中,d_{min} 为最小直径,mm;A 为扭转切应力系数;P_1 为传动功率,kW ;n_1 为主轴转速,r/min。

主轴材料选为 45 号钢,并调质处理,经查机械手册,取 $A=115$,按式(2-26)计算可得最小直径为 $d_{min}=24.3mm$。为扩大安全系数,增长使用年限,并综合考虑电机、联轴器、轴承等各种因素,最终将主轴的直径最小值取为 $\Phi42mm$。

5. 联轴器

目前,绝大多数联轴器均已标准化或规格化,机械设计者的任务主要是选用,而不是设计。联轴器的选型主要涉及选择联轴器的类型、计算联轴器的计算转矩及确定联轴器的型号。选型过程中所遵循的首要原则为传递的扭矩大小和性质以及对缓冲减振功能的要求。在本试验台中,为了隔离振动与冲击,均选用 HL5 型弹性柱销联轴器。以电机轴处的联轴器选型为例,其最大公称转矩 $T_{max}=82.7N·m$。

$$T_{max} = M_q \tag{2-27}$$

式中,M_q 为驱动力矩,N·m。

查阅机械设计手册,取工作情况系数 $K_A=2.2$,按式(2-28)得其计算转矩 T_{ca} 为 181.9N·m。

$$T_{ca} = K_A T \tag{2-28}$$

由 GB/T 5014—2003 查得,LX5 型弹性柱销联轴器的许用转矩为 3150N·m,许用最大转速为 3450r/min,轴径包含 $\Phi75mm$(电机轴的轴径),故可满足要求。

6. 轴承

轴承所受载荷的大小、方向和性质,是选择轴承类型的主要依据。根据载荷大小选择轴承类型时,滚子轴承主要元件是线接触,适用于承受较大的载荷;球轴承则主要为点接触,适用于承受较轻或中等的载荷。对于纯径向载荷,一般选用深沟球轴承、圆柱滚子轴承或滚针轴承。本试验台中的轴承主要用于承载飞轮惯量,且飞轮底部拟采用多个轴承来分担承重,故可将其认定为中等的纯径向载荷,故选用深沟球轴承。

轴承选用的具体规格,需根据安装轴承处的轴径尺寸,并结合技术手册来选定标准规格的深沟球轴承。在本试验台中,飞轮 1 和飞轮 4 处的安装轴径为 Φ45mm,故选用的轴承型号为 6309;飞轮 2 和飞轮 3 处的安装轴径为 Φ55mm,故选用的轴承型号为 6311;其余轴两端处的支承轴承选用深沟球轴承 6409。

2.4.3 盘式制动系统

盘式制动器在制动过程中,刹车片受到推力的作用,快速夹紧制动盘,从而使制动盘停止旋转,实现汽车行车机构的减速和停车。该推力(制动力)主要以液压方式提供,因而一套结构简单、性能优良的液压系统为本试验台制动系统设计的关键部分。本试验台的盘式制动系统主要包括盘式制动器和制动液压系统两部分。

1. 盘式制动器选型

为提高试验台的模拟程度,真实模拟汽车行车过程中的制动性能,本试验台选用了某车型的后轮盘式制动器实物产品,包括制动钳、制动盘、支架、刹车片以及制动分泵等,整套从汽车配件厂家直接购得,其实物如图 2-24 所示。

图 2-24 某车型后轮盘式制动器

为了便于测试不同规格型号的盘式制动器摩擦学性能,本试验台的主轴端部与盘式制动器之间采用法兰盘连接,法兰盘与主轴之间通过键连接,可以根据需要更换不同尺寸的法兰盘,从而将不同规格型号的盘式制动器安装到试验台上。

2. 制动液压系统

制动系统采用液压系统,主要包括:单相变量泵、单向阀、先导比例减压阀、二位三通电磁换向阀、直动溢流阀、制动分泵等,其液压原理图如图 2-25 所示。单相变量泵为系统提供制动力;制动钳里的制动分泵为执行机构,能使刹车片与制动盘产生摩擦;控制系统通过控制先导比例减压阀和二位三通电磁换向阀来实现制动开始、结束以及制动压力大小调节的自动化。

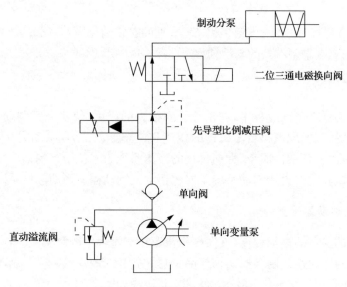

图 2-25　制动液压系统原理图

3. 空气对流装置

盘式制动器在实际工作时是随着汽车一起高速移动的,其工作环境为一个具有一定流速、温度和湿度的空气对流环境,但现有台架试验装置较少考虑这一因素,致使对制动器工作环境的模拟不够真实。为此,本试验专门设计了一套空气对流装置,用来模拟汽车在行车环境下盘式制动器所处的空气对流环境,该装置可以模拟空气阻力及空气对流对盘式制动器制动性能的影响作用。空气对流装置的设计工作主要围绕气动设计展开,气动部分设计应以满足空气动力学条件为主综合考虑使用的便捷性、可移动性和成本等因素来确定各组件的位置关系。空气对流装置的主要组成部件包括风速电机、叶片和风机收缩及整流段。其中,风速电机用来提供空气动力,从而带动叶片旋转产生风力,经风机收缩段获得较大的风速,最后经整流段去除扰动气流后行程较均匀的气流,其结构示意图如图 2-26 所示。除此以外,在空气对流装置里还配备了可对空气的温度和湿度进行调节的加热、加湿装置,用于模拟汽车盘式制动器在不同季节、不同气候和不同地理位置下的真实行车工作环境。

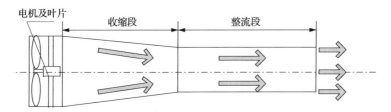

图 2-26　空气对流装置结构示意图

2.4.4　测控系统

汽车盘式制动器模拟制动试验台的测控系统包括控制系统和测试系统,采用闭环控制方式。控制系统由上位机组态王程序、PLC 装置、变频器、电磁离合器、空气对流装置和电磁阀等组成,通过变频器对变频电机进行调速,电磁离合器对飞轮惯量进行选择,通过空气对流装置对空气流速、环境温度和湿度进行调节,通过电磁阀对制动液压系统进行控制。测试系统由传感检测系统、数据采集系统、计算处理系统组成,其结构原理框图如图 2-27 所示[32]。

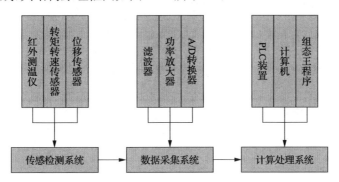

图 2-27　测试系统原理框图

传感检测系统主要包括红外测温仪、转矩转速传感器和位移传感器等检测单元,能实时检测影响盘式制动器摩擦学性能的各种外部因素。其中,连接在电机与飞轮之间和连接在制动器与主轴之间的两个转矩转速传感器能测量制动力矩及制动盘的转速,安放在制动盘附近的红外测温仪能测量摩擦面温度,位移传感器能测量摩擦片磨损量,而制动压力则由制动油压直接换算获得。数据采集系统主要包括滤波器、功率放大器和 A/D 转换器,起到对各检测信号进行采集、滤波、放大和转换处理的作用。计算处理系统主要包括 PLC 装置、计算机和组态王程序,可以根据采集数据进行计算处理,同时还可以对试验台进行自动化控制。该试验台的测试系统和测试规范符合国家标准 GB 5763—2008《汽车用制动器衬片》中对汽车刹车片摩擦学性能测试的相关规定。

1. 传感器选型

1) 速度检测

速度是影响制动器摩擦学性能的重要参数,也是测试制动器性能的一个重要组成部分。速度的在线检测一般采用在主轴上安装光电编码器的方法,通过光电编码器进行脉冲采集,经过变送器和 A/D 转换器将光电编码器采集的脉冲信号转为电压信号,输送至上位机进行处理得到瞬时制动速度。光电编码器中应用较多的为增量式光电脉冲编码器,增量式编码器可以任意设定计数起点,并能实现多圈的累加测量,具有分辨率高、精度高、抗干扰能力强、使用寿命长等优点,能有效进行制动速度的在线监测。本书选用的 GB-DTS 型转矩转速传感器含有增量式编码器,码盘有 60 个齿,主轴带动码盘每旋转一周可产生 60 个脉冲,高速或中速采样时可以用测频的方法,低速采样时可用测周期的方法得到准确的转速。该传感器的测量误差小于 0.5%,能够实现对制动速度的有效检测。

2) 压力检测

制动压力是影响制动器摩擦学性能的又一重要参数,其在线检测主要有两种方法:① 通过压力传感器直接测试制动压力;② 通过测量制动油压换算得知制动压力。根据作用力与反作用力定律,制动器制动正压力就等于制动盘对刹车片的反作用力,所以通过预埋压力传感器的方法,可直接测量制动正压力,该方法具有测量误差小、测量可靠等优点,但缺点在于安装较为复杂。相比较而言,通过测量制动油压换算得知制动压力的方法虽然准确性不如前者,但更为简单实用,所以本试验台选择后者。

3) 温度检测

温度既是制动器摩擦发热导致温升的必然结果,又是影响制动器摩擦学性能的重要因素。温度检测方法可分为接触式和非接触式两大类。目前工业测控系统中接触式测温主要用的温度传感器主要有三种:热电偶、热电阻及半导体集成温度传感器,热电偶的测温范围在 -180~2800℃,而热电阻和半导体集成温度传感器的测温范围相对较小。考虑到制动盘在工作时处于旋转状态,在制动盘上不能直接引线,而热电偶预置式测温方法(图 1-6)检测精度不高,因此本试验台没有采用接触式测温方法,而是采用了非接触式红外测温仪,通过测量辐射红外能量来对制动盘温度进行测量。红外测温仪由镜头、滤光片、光电转换器、瞄准激光器和电路处理单元等部分组成,其外观结构如图 2-28 所示。在试验台上安装时,将红外测温仪固定在制动器摩擦接触区域附近,具体方法为:在距制动盘约 40cm 处固定红

外探测器,将其红外探头对准摩擦片与制动盘摩擦接触表面附近,通过调整探测器
台架的高度和方向,可以在摩擦表面的任何位置进行温度检测。

图 2-28　红外测温仪

4) 扭矩传感器

盘式制动器的摩擦因数通常定义为

$$\mu = \frac{M_f}{F_N R_m} \tag{2-29}$$

式中,M_f 为摩擦力矩,N·m;F_N 为制动压力,N;R_m 为有效摩擦半径,m;μ 为摩擦因数。

由此可见,要想得到摩擦因数,就必须对摩擦力矩进行有效测量。传统转矩检测测量的是旋转的动力,通常采用电阻应变电桥测量转矩信号,在导电环的帮助下实现应变桥能量的输入和应变信号电阻的输出,被测轴在高速旋转时产生颤振,使接触点的接触电阻发生变化,导致测量误差增大。此外,导电滑环属于摩擦接触,不可避免地产生磨损和热,从而限制了传感器的使用寿命。为了更好地测量主轴的转矩,选择 GB-DTS 系列转矩转速传感器测量扭矩,其实物照片如图 2-29 所示。GB-DTS 系列传感器通过激励电源对稳压电源的激励提供能量,实现了能量和信

图 2-29　GB-DTS 系列转矩转速传感器

号的无接触耦合,从而增加了扭矩测量的准确性与可靠性。此外,该传感器可以同时实现旋转轴转速测量,并能计算出主轴的输出功率。转矩转速传感器的输出信号经过 PLC 采集和处理后,输送到计算机,按式(2-29)计算得出摩擦因数并实时显示。

5) 位移传感器

刹车片的磨损量信号通过非接触式位移传感器获取。通过位移传感器测量试验过程中刹车片相对于制动盘的位移量变化,即可测得刹车片的磨损量。在试验过程中,刹车片的位移量变化往往非常小,这就要求位移传感器具有较高的测量精度且不易受外界环境的干扰。为此,本试验台采用高精度激光位移传感器 optoN-CDT1700,其外形结构如图 2-30 所示。该传感器利用激光三角反射原理,由传感器探头发射出的激光通过特殊的透镜汇聚成一个直径极小的光束,此光束被测量表面漫反射到一个分辨率极高的 CCD 探测器上,通过 CCD 所感应到光束位置的不同,可精确测量被测物体位置的变化。选取 optoNCDT1700 的测量量程为 2mm,线性度为0.1%,分辨率为 0.005%FSO,频率响应为 2.4kHz,输出范围为4～20mA。

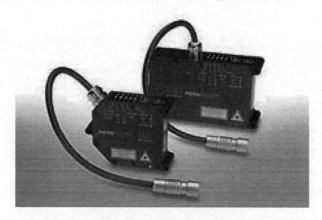

图 2-30　激光位移传感器

2. 检测电路设计

检测电路部分的主要功能是将各传感器采集的工况参数传输到承担数据采集任务的 PLC 中。其中,制动初速度信号的传输形式为脉冲量,故可将其直接接入PLC 的高速计数口,其接线方式如图 2-31 所示,并在 PLC 的编程软件中将对应接口 I0.0 和 I0.1 的高速脉冲计数功能设为启用。

制动压力、摩擦温升、摩擦转矩及磨损量信号的传输形式均为模拟量,其中除了用来检测磨损量的激光位移传感器的输出信号为 4～20mA 的电流信号,其余各传感器的输出信号均为电压信号,可将其变换为 PLC 及其扩展模块可接收的0～5V电压量。各模拟量采集电路接线方式如图 2-32 所示。

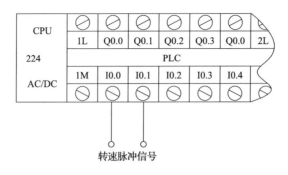

图 2-31　转速信号接线图

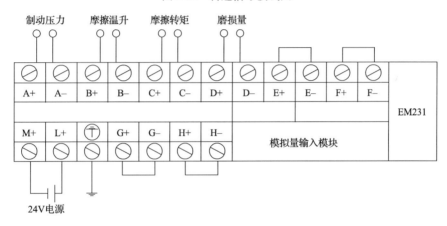

图 2-32　模拟量信号接线图

3. 上位机软件开发

目前,机械测控系统的上位机编程以微软公司的 Visual Basic(VB)和 NI 公司的 LabVIEW 为主。相比于 VB 的文本化语言编程方式,LabVIEW 使用的是图形化编辑语言 G 语言编写程序,产生的程序是框图形式,大大增加了编程效率和编程速度,故本试验台测试系统采用 LabVIEW 来进行上位机部分的程序编写,其程序前面板如图 2-33 所示。

在本试验台中,上位机主要承担与 PLC 进行通信以及数据显示和存储等功能。其中,LabVIEW 与西门子 S7-200PLC 通信硬件通过西门子公司生产的 PC/PPI 电缆相连,PPI 电缆一头接 PLC 的 RS485 口,另一头接 PC 的 RS232 口,然后设置好 PPI 电缆的拨码开关,选用 PPI 协议进行通信。本试验台的测试和控制对象主要包括电机、变频器、主轴、飞轮系统、制动系统等部分,其中,飞轮系统中的开关量是为了调节试验时的惯量,只需在试验前设定正确即可,不需进行复杂的信号处理,而电机转速、空气对流状态和制动系统中的制动压力及制动转矩等各参数为本试验台测控重点,可通过人工智能算法来进行测试处理。

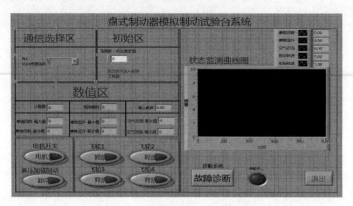

图 2-33　上位机程序前面板

2.4.5　系统集成

经过设计计算和加工制造,最终成功搭建了汽车盘式制动器模拟制动试验台,其实物图如图 2-34 所示。在试验台安装时,其电控部分应严格按照要求接入规定电压,尤其是起过热保护作用的热继电器-接触器系统,要确保达到动作电压。调试下位机及上位机程序时,试验台应保持运转在低速状况下,并预设应急防护措施,以防调试过程中试验台失控。

图 2-34　盘式制动器模拟制动试验台实物照片

参 考 文 献

[1] 土铁山,曲波,等.汽车摩擦材料测试技术[M].长春:吉林科学技术出版社,2005.

[2] 傅发群.汽车制动器衬片摩擦性能测试初探[J].大众科技,2008,(11):128-130.

[3] 李增松,李彬,阴妍,等.机械摩擦状态监测技术研究现状[J].表面技术,2014,43(2):134-141,155.

[4] 肖桂普.制动工况与摩擦磨损性能的研究[J].摩擦密封材料,2002,(1):32-35.

[5] 戴雄杰.摩擦学基础[M].上海:上海科学技术出版社,1984.

[6] 吕俊成, 莫易敏, 密德元, 等. 离合器摩擦材料摩擦磨损性能小样试验的设计[J]. 润滑与密封, 2009, 34 (9): 93-97.

[7] 赵小楼, 程光明, 王铁山, 等. 汽车摩擦材料摩擦磨损性能试验的现状与发展[J]. 润滑与密封, 2006, (10): 200-203.

[8] 仇大印. 变速变压摩擦材料试验机的研制[D]. 长春: 吉林大学, 2009.

[9] 俞光燮. 摩擦材料的特性与测试方法[C]//摩擦材料文集(上), 1984, 5: 51-64.

[10] 王铁山. 一种摩擦试验机[P]. 中国: CN200420011411.2. 2005-08-10.

[11] 石志刚. 汽车摩擦材料测试设备及发展趋势[J]. 非金属矿, 1998, 21(5): 57-58.

[12] 周顺隆. 制动摩擦材料试验方法研究[C]//摩擦材料文集(下), 1984, 10: 64-76.

[13] 张德林. 汽车制动器台架试验方法探讨[C]//摩擦材料文集(下), 1984, 10: 91-96.

[14] 孙景阳. 汽车制动器摩擦性能试验方法研究[D]. 长春: 吉林大学, 2006.

[15] 马继杰. 制动器惯性台架电模拟惯量性能和关键技术研究[D]. 长春: 吉林大学, 2010.

[16] 曲波, 尹宏斌, 赵小楼, 等. 电模拟制动器惯性台架设计[J]. 吉林大学学报(工学版), 2006, 36(增刊): 62-64.

[17] James K T, Aaron M. Inertia simulation in brake dynamometer testing[C]//Phoenix Arizonia: 20th Annual Brake Colloquium and Exhibition, 2002.

[18] 安宏伟, 王功伟. 道路检测汽车制动性能及方法[J]. 农机使用与维修, 2011, (2): 118.

[19] 查小静. 汽车制动性能检测方法的比较与关联性研究[D]. 南昌: 华东交通大学, 2010.

[20] 赵小楼. 摩擦材料缩比试验原理及试验方法和测试设备研究[D]. 长春: 吉林大学, 2007.

[21] 李康. 汽车刹车片摩擦性能几种不同评价方法之比较[J]. 摩擦磨损, 1992, (4): 307-314.

[22] Rhee S K. 机动车摩擦材料CHASE试验机和惯性制动试验台的测试比较[J]. 摩擦磨损, 1986, (3): 48-53.

[23] Heiss A. 克劳斯摩擦试验机与CHASE摩擦试验机测试对比[J]. 中国石棉制品协会专刊, 1991, (4): 45-47.

[24] 张德林. 机动车摩擦材料的克劳斯摩擦试验及其与惯性式制动台架的比较[J]. 摩擦磨损, 1992, (4): 307-314.

[25] 张德林. 国外汽车制动法规、标准增订、修订中相关摩擦材料内容概述[C]//第七届(武汉)国际摩擦材料技术交流暨产品展示会会议论文集, 2005, 3: 82-85.

[26] 吴忠义. 制动器的台架试验及其对摩擦片的性能要求[J]. 吉林工业大学学报, 1994, (3): 93-96.

[27] 李康. 关于建立摩擦材料测试系统的探讨[J]. 吉林工业大学学报, 1994, (3): 71-77.

[28] 张德林. 摩擦材料的FAST试验技术及其解析[J]. 非金属矿, 1998, (4): 49-54.

[29] 王铁山. 摩擦材料试验机的分类与特性[J]. 吉林工业大学学报, 1994, (3): 100-111.

[30] 阴妍, 鲍久圣, 陆玉浩, 等. 一种汽车盘式制动器模拟制动试验台[P]. 中国专利: CN201210216738.2. 2012-10-24.

[31] 陆玉浩. 盘式制动器摩擦故障特征提取与模式识别研究[D]. 徐州: 中国矿业大学, 2014.

[32] 鲍久圣, 朱真才, 童敏明, 等. 盘式制动器摩擦学性能监测预警装置及方法[P]. 中国: CN201110155554.5. 2012-02-15.

第3章 盘式制动器摩擦学性能试验研究

摩擦磨损是一个复杂的机械物理化学过程,迄今为止人们对摩擦学问题尚未形成统一、全面的科学认识[1]。自摩擦学问世以来,开展各种形式的摩擦学试验一直是人们探索解决摩擦学问题的重要技术手段。为了研究盘式制动器摩擦学性能,人们曾通过开展摩擦磨损性能试验进行了大量研究[2~7],但从目前的研究现状来看,对盘式制动器摩擦材料所开展的摩擦学性能试验研究,所采取的试验方法大都为实验室小样试验,其摩擦副接触形式和所模拟的制动工况与盘式制动器的实际结构和制动工况都还存在较大差别,因此所得出结论的实际指导意义不大。此外,在试验中对摩擦材料摩擦学性能的考察不够全面,一般仅对摩擦因数和磨损率这两个主要摩擦学性能指标进行评价分析,而对制动过程中摩擦因数的稳定性则少有研究。

为了更全面地研究盘式制动器摩擦学性能,并加强研究结果的实际指导意义,本书针对汽车盘式制动器结构特点和制动工况,选取了在国产汽车上常用的半金属型刹车片作为摩擦材料试样,模拟汽车在制动过程中的实际工况开展摩擦学试验,研究摩擦材料的摩擦因数及其稳定性和磨损率等摩擦学性能参数随制动初速度、制动压力及温度等工况条件的变化规律,并根据试验结果分析盘式制动器摩擦学性能对汽车制动安全性及可靠性的影响,所取得的研究结果对于提高盘式制动器的制动效能和工作可靠性、促进新型摩擦制动材料的研制都将具有一定的指导意义。

3.1 盘式制动器摩擦学试验设计

众所周知,摩擦学试验结果的正确与否、价值高低很大程度上取决于摩擦学试验方案的设计是否得当。因此,为了尽可能准确反映盘式制动器在制动过程中的摩擦学性能,并加强研究结果的实际指导意义,本书以汽车制动工况为工程背景,根据摩擦学试验原理和有关技术规范,首先对盘式制动器摩擦学试验方案进行详细设计。

3.1.1 模拟制动试验装置

目前,现有摩擦学试验大多通过销-盘式或块-盘式标准摩擦试验机来模拟盘式制动器的工作情况,这种试验设备的摩擦副接触形式是摩擦片试样在摩擦盘单侧施压,摩擦片试样的数量通常为一个或两个,其摩擦副接触示意图如图 3-1 所示。由于在实际工作中,盘式制动器的两块摩擦片在制动盘两侧同时施压,因此销-盘式标准摩擦试验机与盘式制动器在摩擦副接触形式方面有较大的差别,导致测试结果与实际情况之间往往存在明显的偏差。

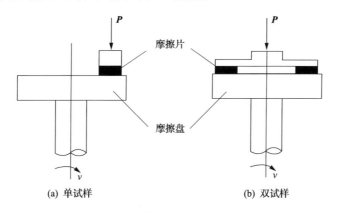

图 3-1　销-盘式摩擦试验机摩擦副接触示意图

除了销-盘式标准摩擦试验机,人们也广泛采用汽车惯性试验台架来测试盘式制动器摩擦学性能,然而现有的惯性台架试验机存在模拟惯量小、自动化程度低、数据测量不准确等技术不足,特别是不能真实模拟汽车盘式制动器在行车环境下的制动工况,还不能够很好满足测试盘式制动器制动摩擦学性能的测试要求[8~10]。为了真实模拟汽车制动工况和行车环境,采用第 2 章自制的汽车盘式制动器模拟制动试验台(图 2-23)来开展制动摩擦学试验研究。在盘式制动器模拟制动试验台上开展汽车模拟制动试验的操作流程如图 3-2 所示,具体试验步骤如下:

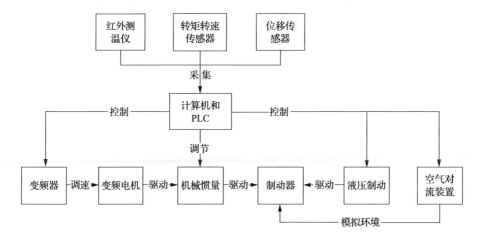

图 3-2　模拟制动试验操作流程图

（1）在制动钳上安装好刹车片，并对刹车片进行初磨，使刹车片与制动盘有良好的接触面积；

（2）在上位机里设置工况参数，包括飞轮惯量、制动初速度、制动压力、环境温度和湿度等；

（3）启动试验机，使转速达到设定值；

（4）关闭电机，使试验台失去动力，同时开启液压制动系统，试验台逐渐减速至停止，模拟汽车制动减速停车过程；

（5）对制动过程中采集的时间、速度、压力、温度、摩擦因数、磨损率等试验参数进行检测存储，为后续分析提供数据基础；

（6）试验完成后，PLC自动对试验设置进行复位。

3.1.2　摩擦副材料

为了使盘式制动器摩擦学试验结果具有较高的实用价值和指导意义，所选取的摩擦副材料均为目前在我国国产汽车盘式制动器上广泛使用的刹车片和制动盘成品材料，并且其结构、尺寸以及在制动器上的安装方式也都与实际情况保持一致。

1. 刹车片材料

所选取的汽车刹车片材料为目前在我国国产桑塔纳、捷达等汽车盘式制动器上广泛使用的某型号半金属型无石棉铜基刹车片，其实物照片如图3-3所示。所谓半金属刹车片是指其中金属纤维和金属粉的用量达到摩擦材料总量的50%以上[2]，其主要成分包括酚醛树脂、摩擦粉、丁腈橡胶、氧化铝、长石、金属铜等，经过除油膜加工而成，经过加工后的铜，不仅改变了原来铜的比重，而且它的表面还形

图3-3　国产半金属汽车刹车片

成多种形状的锯齿,使铜与其他材料混合的均匀程度及黏结力要比铜棉、铜丝、铜粉等更强,此外铜还具有吸热快、散热快、耐高温等优点。

2. 制动盘材料

目前,汽车制动盘大多采用灰铸铁制造,这种材料具有良好的铸造性能、减振性、耐磨性能和切削加工性能,其组织成分与性能特点如下。

(1) 组织成分:灰铸铁可看成碳钢基体加片状石墨,按基体组织的不同可分为铁素体基体灰铸铁、铁素体-珠光体基体灰铸铁、珠光体基体灰铸铁三大类。

(2) 力学性能:灰铸铁的力学性能与基体的组织和石墨的形态有关。铁素体基体灰铸铁的石墨片粗大,强度和硬度最低,故应用较少;珠光体基体灰铸铁的石墨片细小,有较高的强度和硬度,主要用来制造较重要铸件;铁素体-珠光体基体灰铸铁的石墨片比珠光体灰铸铁稍粗大,性能不如珠光体灰铸铁。因此,目前工业上实际较多使用的是珠光体基体灰铸铁。

(3) 其他性能:灰铸铁具有良好的铸造性能、减振性、耐磨性和切削加工性能以及低的缺口敏感性等。

根据我国汽车制动盘材料的实际应用情况,在摩擦学试验研究中选取的制动盘材料为灰铸铁 HT250,采用直接从汽车配件厂商定制的方式获得。

3.1.3　摩擦学性能参数及其测试原理

目前,针对盘式制动器摩擦学性能的研究文献一般都只把摩擦因数和磨损率作为摩擦学性能评价指标,本书为了研究制动过程中制动器摩擦学性能的稳定性,把摩擦因数稳定系数也作为评价其摩擦磨损特性的一个指标。在本书研制的汽车盘式制动器模拟制动试验台上,以上三个摩擦学性能参数的测试原理如下[11,12]。

1. 摩擦因数

试验过程中,正压力由液压系统通过制动油缸加载于两个摩擦片试样上,并维持数值恒定。试验机测力系统实时记录摩擦片与制动盘之间的摩擦力,然后由计算机系统按照式(3-1)自动计算出摩擦因数 μ 并实时显示。

$$\mu = \frac{F}{pA} \tag{3-1}$$

式中,F 为摩擦片与制动盘之间的摩擦力,N;p 为制动压力,MPa;A 为摩擦片与制动盘之间的名义接触面积,mm²。

2. 摩擦因数稳定系数

摩擦因数稳定系数 α(单位:%)是评定材料摩擦性能稳定性的一个重要参数。

摩擦材料的摩擦因数稳定系数可在制动结束后,对计算机记录的摩擦因数进行统计计算,然后取为制动过程中平均摩擦因数与最大摩擦因数的比值。

$$\alpha = \frac{\bar{\mu}}{\mu_{\max}} \times 100\% \tag{3-2}$$

式中,$\bar{\mu}$ 为制动过程中的平均摩擦因数;$\mu_{\max}$ 为制动过程中的最大摩擦因数。

3. 体积磨损率

体积磨损率 ω(单位,$cm^3/(N \cdot m)$)是评定摩擦材料的耐磨性以及控制产品质量的一个重要指标。在制动试验前后,采用螺旋测微器分别测量摩擦材料试样表面 6 个不同位置处的厚度,取其平均值按下式计算摩擦材料的体积磨损率。

$$\omega = \frac{A(d_1 - d_2)}{2\pi R N_d F_m} \tag{3-3}$$

式中,R 为摩擦片中心与制动盘旋转轴中心的距离,mm;N_d 为制动盘的总转数;d_1 为试验前摩擦片的平均厚度,mm;d_2 为试验后摩擦片的平均厚度,mm;F_m 为制动过程中的平均摩擦力,N。

3.1.4 制动工况参数及其取值范围

本书力求从汽车实际行驶过程的制动工况出发,在盘式制动器实际工况条件的基础上,确立实验室模拟制动测试条件,从而进行全面、系统、真实的制动器摩擦学试验研究。前人研究表明,影响盘式制动器摩擦学性能的制动工况因素很多,并且各工况参数对摩擦学性能的影响并不是简单的叠加,它们之间是互相影响、互相制约的。参照国家标准 GB 5763—2008《汽车用制动器衬片》中对汽车盘式制动器衬片摩擦学性能测试的有关规定,并结合对汽车实际制动工况的调研分析,本书选取了三个制动工况参数:制动压力 p、制动初速度 v 及温度 T,各制动工况参数的取值范围如表 3-1 所示。

表 3-1 制动工况参数及其取值范围

试验参数	制动初速度 v/(m/s)	制动压力 p/MPa	温度 T/℃
取值范围	5~30	1.0~3.0	100~350

在表 3-1 所列的制动工况参数及其取值范围内,按照下列组合方案开展盘式制动器摩擦学试验。

(1)在研究制动压力和制动初速度对制动器摩擦学性能的影响时,关闭试验机的加热装置,在自然温升下进行试验,并保证试验机具有良好的散热性。试验中的制动压力选取 1.0MPa、1.4MPa、1.8MPa、2.2MPa、2.6MPa、3.0MPa 等 6 个数值,制动初速度选取 5m/s、10m/s、15m/s、20m/s、25m/s、30m/s 等 6 个数值。制动压力和制动初速度分别取不同值进行组合,考察它们对制动器摩擦因数及其稳定系数和对刹车片磨损率的影响,每组试验各进行 3 次,取其平均值作为该工况下的试验值。

(2) 在研究温度对制动器摩擦学性能的影响时,打开试验机加热装置进行加热,并通过试验机的温控系统使摩擦盘表面保持一定的温度。试验中的温度分别选取 100℃、150℃、200℃、250℃、300℃、350℃ 等 6 个数值,测量在一定的制动压力和制动初速度下,制动器摩擦因数及其稳定系数和刹车片磨损率随温度升高的变化规律。

3.2　盘式制动器干摩擦机理

在盘式制动器制动过程中,摩擦片和制动盘之间摩擦力的产生及变化机理直接影响到制动器制动力矩的大小,从而对机械装置能否实现可靠制动具有决定性的影响,而摩擦力一旦发生了突变,则往往会直接导致事故的发生。摩擦片在与制动盘的相互摩擦过程中,表面间的相互作用将引起材料的流失和转移,从而产生了磨损。磨损使摩擦片厚度变薄,制动副两摩擦面间的距离增大,直接影响到施闸时间和制动力矩等关键性能参数,导致制动器制动性能下降。因此,开展盘式制动器摩擦磨损规律及其机理研究,对确保制动器制动可靠性具有重要的理论价值和实际意义。

3.2.1　制动摩擦力构成

盘式制动器属于摩擦式制动器,摩擦副在工作时处于无润滑的干摩擦状态,其运动形式为滑动摩擦。根据现代固体摩擦理论,可以认为制动摩擦力主要由三部分构成[13,14]:一是在摩擦副相对运动时,双方微凸体顶峰的相互啮合、碰撞而形成的摩擦阻力(机械作用力);二是在一定的局部高压应力和高温条件下,摩擦副微凸体发生局部塑性变形,接触点瞬时形成黏着点对,而摩擦副的相对运动又迫使这些局部黏着点分离,克服节点黏着的阻力构成了摩擦力的一部分(黏着摩擦力);三是摩擦产生的磨损物或表面的硬质颗粒,在摩擦运动过程中压入摩擦面而形成新的微凸峰,不断对摩擦副表面产生切削、犁沟作用,这也构成了摩擦力的一部分(犁沟力)。因此,制动摩擦力的构成可以用式(3-4)表示。

$$F = F_1 + F_2 + F_3 \tag{3-4}$$

式中, F 为制动摩擦力,N; F_1 为啮合变形阻力,N; F_2 为黏着阻力,N; F_3 为犁沟阻力,N。

为深入研究制动摩擦力的产生机理,下面将对构成制动摩擦力的三个基本因素,即啮合、黏着和犁沟三个摩擦力分量进一步分析。

1）啮合摩擦阻力

当制动盘与摩擦片接触摩擦时，由于接触表面存在一定的粗糙度，相对运动的机械啮合作用将产生变形阻力。对于金属与金属组成的摩擦副，机械变形阻力不大，仅占摩擦阻力的百分之几，一般可以忽略不计，但对于由金属制动盘和树脂基复合摩擦材料组成的制动副，其中高聚物材料的滞后损失和表面变形所造成的变形阻力，是构成总摩擦阻力的重要组成部分。根据克拉盖尔斯基的机械-分子作用理论[1,15]，可以得到啮合变形阻力 F_1 为

$$F_1 = S_m(\Lambda_m + B_m p^a) \tag{3-5}$$

式中，S_m 为机械啮合作用的面积，m^2；A_m 为机械啮合作用的切向应力，Pa；B_m 为法向载荷的影响系数；p 为法向载荷，即压应力，Pa；a 为指数，其值不大于 1 但趋于 1。

2）黏着摩擦阻力

由于表面粗糙度的存在，当摩擦片和制动盘发生接触时，真正的接触只发生在少数粗糙峰（即微凸体）的顶部，如图 3-4 所示。这些真正发生接触的点成为真实接触点，各接触点的接触面积总和为真实接触面积。显然，真实接触面积只占名义接触面积（即摩擦片摩擦面表面积）的很小一部分。在制动压力的作用下，接触峰点处的应力会达到摩擦片材料的抗压屈服极限 σ_s 而发生塑性变形，进而发生黏着（或称为冷焊）现象。由于接触点的应力值为摩擦副中较软材料即摩擦片的抗压屈服极限 σ_s，所以静摩擦状态下的真实接触面积可以表示为

$$A_0 = \frac{P}{\sigma_s} \tag{3-6}$$

式中，A_0 为静摩擦状态下的真实接触面积，m^2；P 为制动压力，N；σ_s 为摩擦片材料的抗压屈服极限，Pa。

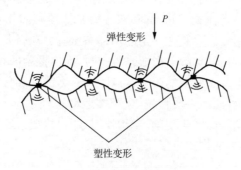

图 3-4　摩擦表面黏着模型

当制动盘和摩擦片之间发生相对滑动时，由于存在切向力，黏着点会发生塑性流动，使接触面积增加，如图 3-5 所示。因此，在滑动摩擦状态下，真实接触面积和接触点的变形条件取决于法向载荷即制动压力产生的压应力和剪切应力的联合作

用。根据修正的黏着理论,可以得到滑动摩擦状态下的真实接触面积为[1]

$$A'_0 = \sqrt{\left(\frac{P}{\sigma_s}\right)^2 + \left(\frac{F_t}{\tau_b}\right)^2} \tag{3-7}$$

式中,A'_0 为滑动摩擦状态下的真实接触面积,m^2；F_t 为切向力,N。

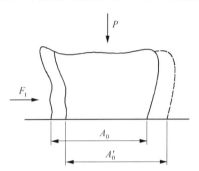

图 3-5　滑动摩擦状态下黏着点的扩大

随制动盘的转动,剪切这些黏着点所产生的阻力即为黏着摩擦力 F_2,其大小为

$$F_2 = A'_0 \tau_b \tag{3-8}$$

式中,τ_b 为黏着点的剪切强度,Pa。其取值大小与表面的洁净状态、表层材料的强度、温度等多种因素有关。

3）犁沟摩擦阻力

制动过程中摩擦片表面和基体结合不牢的硬质填料颗粒会逐渐从表面脱落,一部分会滞留在接触界面之间,在制动压力的作用下嵌入摩擦面形成新的微凸峰,在滑动中推挤摩擦片表层材料,使之塑性流动并犁出沟槽,如图 3-6 所示。

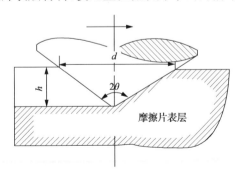

图 3-6　犁沟模型

假设硬质微凸峰由许多半角为 θ 的圆锥体组成,在法向载荷作用下,硬峰嵌入摩擦片表面的深度为 h,滑动摩擦时,只有圆锥体的前沿面与摩擦片表层接触。接

触表面在垂直面上的投影面积为[1]

$$S = \frac{dh}{2} \tag{3-9}$$

如果摩擦片材料的塑性屈服性能各向同性,屈服极限为 σ_s,于是犁沟效应产生的摩擦阻力 F_3 为

$$F_3 = S\sigma_s = \frac{1}{2}dh\sigma_s \tag{3-10}$$

以上根据现代固体摩擦学的基本原理,对构成制动摩擦力的基本因素进行了分析。实际上,制动过程中表现出来的摩擦力是多种形式的摩擦阻力综合作用的结果,在不同时期和工况下,各个方面对制动摩擦力的影响程度不同。

3.2.2　制动摩擦力变化规律

由前面对制动摩擦力构成的分析可知,盘式制动器制动过程中的摩擦力主要由三部分构成,即制动副表面微凸体相互之间的机械啮合变形作用力 F_1、局部接触点的黏着-剪切摩擦力 F_2 和硬质点的犁沟切削力 F_3。在制动过程中,由于工况条件的变化,这几个方面的摩擦力均会发生改变并有可能出现异常的变化,从而在宏观上表现为摩擦因数的渐变和突变。

由式(3-5)可知,机械啮合变形作用力主要由切向阻力和制动压力的切向分力组成。在制动的初期,摩擦副表面较为粗糙,相互之间发生啮合的微凸体数量较多,而随制动的进行,表面的粗糙微凸体数量逐渐减少。因此啮合变形阻力对摩擦力只在制动初期起主要作用,其数值随制动时间的延长逐渐减少,是一个渐变的过程。

由式(3-8)可知,黏着摩擦力的大小取决于真实接触面积和黏着结点的剪切强度。在制动初期,表面较为粗糙,黏着只发生在少量的接触点上,因此由黏着-剪切作用产生的摩擦阻力较小;随制动的进行,摩擦片表面微凸体数量减少,实际接触面积增大,黏着在较大的面接触区域内发生,因此黏着阻力有较为明显的增加。在正常制动工况下,摩擦片材料的性质处于常态,黏着区域的剪切强度具有较为稳定的数值,黏着摩擦力的变化主要由实际接触面积的增减而引起,处于渐变阶段。经过多次连续制动以后,当摩擦片材料的表面温度达到了黏结材料的耐热极限时,表层材料将处于软化、熔融状态,此时黏着结点的剪切强度将急剧减小,因而可能会引起黏着摩擦阻力的突变。

由式(3-10)可知,犁沟摩擦阻力的大小取决于硬质颗粒犁沟接触面的面积和摩擦片材料的塑性屈服极限。犁沟接触面的面积由硬质颗粒的数量、大小和形状决定,其变化范围十分有限,因此摩擦片材料的塑性屈服极限对犁沟摩擦力具有决定性的影响。当摩擦片材料性质处于正常状态时,其塑性屈服极限具有较为稳定

的数值,因此在正常摩擦状态下,犁沟摩擦力变化范围很小。但当摩擦片表层材料发生软化、熔融时,其塑性屈服极限急剧减小,此时犁沟阻力也有可能发生突变。

根据以上对制动摩擦力构成基本要素变化规律的分析,从中可以发现:啮合变形作用力一般只在制动初期起作用,其变化过程属于渐变,而黏着摩擦力和犁沟力在整个制动过程中都起作用,并且都有可能由于材料性质的变化而发生突变。因此,在制动摩擦的大部分时间里,起主要作用的黏着和犁沟力都有可能发生突变而导致摩擦突变现象的发生。

3.2.3　制动摩擦机理

按照如上试验方案开展汽车模拟制动试验,得到的盘式制动器在制动过程中摩擦因数的典型变化曲线如图 3-7 所示。

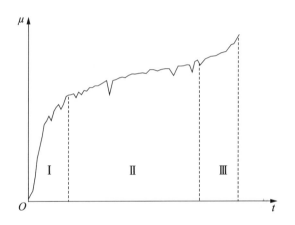

图 3-7　盘式制动器在制动过程中摩擦因数典型变化曲线

从图 3-7 可以看出,摩擦因数在制动过程中并非常量,而是随时间不断变化的,其变化过程大致可以分为三个阶段:在制动刚开始时,刹车片和制动盘从分离到接触,摩擦因数快速爬升到一定数值;在制动过程中,随相对滑速的不断下降,摩擦因数持续上升;到制动末期时,摩擦因数达到较高的数值,出现“翘尾”现象。

根据摩擦学基础理论,并参照有关文献,可将制动过程摩擦因数的变化机理分析如下[16]:

(1) 第Ⅰ阶段为制动开始阶段。在制动初期,刹车片和制动盘从分离到接触,试验机记录的摩擦因数从无到有,必然有一个快速的增长过程。在此过程中,由于刹车片与制动盘表面粗糙度的存在,两表面的微凸体相互啮合,在制动盘的转动作用下,微凸体发生机械啮合、碰撞而产生摩擦阻力,因此这一阶段的摩擦力主要来源于机械啮合变形所产生的摩擦阻力。

(2) 第Ⅱ阶段为摩擦因数爬升阶段。由于制动盘和刹车片之间的相对滑速在制动初期很快,因此经过很短的一段时间后刹车片和制动盘表面的微凸体在相互之间的反复啮合、碰撞作用下大都发生脱落或被磨平,两表面间的真实接触面积增大,黏着开始起作用。此外,表面脱落的硬质颗粒和残留的微凸体对较为平整的刹车片表面产生犁沟、切削作用。黏着-剪切作用和犁沟效应促使摩擦阻力增大,摩擦因数稳步爬升。随制动的进行,刹车片和制动盘之间的相对滑速越来越慢,滑动作用对黏着结点的剪切和对刹车片表面的犁沟效应均随之减弱,因此摩擦因数的爬升速度逐渐变慢。

（3）第Ⅲ阶段为摩擦因数翘尾阶段。制动末期,刹车片和制动盘之间的相对滑速已经很低,滑动作用减弱,滑动摩擦逐渐向静摩擦过渡,而经过第Ⅱ阶段较长时间的黏着和犁沟作用,摩擦接触表面已较为平整,真实接触面积大且具有较为稳定的数值,因此在制动后期随相对滑速的减小,摩擦因数具有较高的数值且逐渐增大,到制动盘接近停止时,动摩擦变成静摩擦,摩擦因数突然增大,出现了“翘尾”现象。制动末期的高值摩擦因数,有利于保证制动结束时的平稳停车。

3.3　制动工况对盘式制动器摩擦学性能的影响

尽管盘式制动器制动工况参数众多,但现已证明:制动压力、制动初速度和温度是对制动器摩擦学性能影响最为重要的三个因素。因此,将通过试验研究制动压力 p、制动初速度 v 及温度 T 对盘式制动器摩擦学性能(包括摩擦因数 μ 及其稳定系数 α、磨损率 ω)的影响规律及机理。

3.3.1　制动初速度的影响

制动初速度对盘式制动器摩擦学性能具有十分重要的影响,这是因为制动初速度决定了制动过程的能量输入。随制动初速度的增加,制动器吸收的动能呈二次方增加,摩擦副吸收的热量随之增加,摩擦副表面将产生很高的温升,从而对其摩擦学性能产生极其不利的影响[17]。因此,掌握制动初速度对制动器摩擦学性能的影响规律及机理,对于在实际应用中如何根据机械装置的工作速度范围来合理选用盘式制动器及其摩擦副材料具有重要的现实指导意义。

1. 制动初速度对摩擦因数及其稳定系数的影响

在自然升温条件下,制动压力取不同值时盘式制动器的摩擦性能随制动初速度的变化关系如图 3-8 所示,其中图 3-8 (a)所示为摩擦因数,图 3-8 (b)所示为摩擦因数的稳定系数。

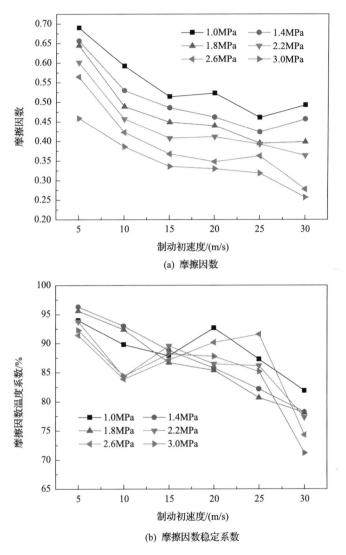

(a) 摩擦因数

(b) 摩擦因数稳定系数

图 3-8　盘式制动器摩擦性能随制动初速度的变化曲线

从图 3-8（a）可以看出,在制动压力一定的情况下,随制动初速度的增加,摩擦因数整体上呈现下降趋势。制动压力较低(≤1.8MPa)时,摩擦因数在低速阶段(5～15m/s)下降较快,在中速阶段(15～25m/s)下降变缓,而在高速阶段(25～30m/s)则出现了小幅的增长。制动压力较高时(>1.8MPa),摩擦因数也是在低速阶段下降较快,中速阶段降速变慢并趋于稳定,而在高速阶段下降速率又再次加快。从图 3-8（b）所示的摩擦因数稳定系数随制动初速度的变化曲线来看,制动压力较低(≤1.8MPa)时,随制动初速度的升高,摩擦因数的稳定系数整体呈下降趋势,并且下降的速率较为稳定。在较高的制动压力(>1.8MPa)下,随制动初速度的增大,摩擦因数稳定系数出现了较大范围的波动,在低速阶段(5~10m/s)摩擦因数的稳定系数下降较快,在中速阶段(10~25m/s)转为上升,而在高速阶段(25~30m/s)又再次快速下降。

大量研究表明,速度对材料摩擦性能的影响,主要由摩擦热引起温度的变化所致。制动初速度引起的发热和温度的变化,改变了摩擦材料表面层的性质和接触状况,从而导致摩擦性能的变化[11, 17]。因此,关于制动初速度对盘式制动器摩擦性能的影响机理将在后面结合温度对摩擦性能的影响一起进行讨论。

2. 制动初速度对磨损率的影响

图 3-9 给出了不同制动工况下,盘式制动器刹车片磨损率的试验结果。从图 3-9 可以看出,在制动压力恒定时,磨损率随制动初速度的增大整体上呈现上升趋势,其中在低速阶段(5~15m/s),磨损率上升较快,而在高速阶段(>15m/s)磨损率增大速率相对变缓。这是由于在摩擦初期磨损率的增加主要来源于表面微凸体间的切削、塑性形变与脱落,随后伴随着微凸体的脱落与变形,表面实际接触面积有所增大,磨损率增加趋势变缓。制动初速度较低时,由于制动过程时间短,摩擦初期微凸体变形与脱落对磨损率的贡献起主要作用,因此低速阶段磨损率增加很快。在较高的制动初速度下,制动过程时间延长,摩擦后期表面接触面积增大对磨损率的减缓作用就体现出来了,因此磨损率增长速率变慢。从图 3-9 中还可以看出,在高速(≥20m/s)、高压(≥2.6MPa)制动工况下,刹车片的磨损率呈现出明显的跳跃性增长。这种跳跃性增长归因于高速、重载的恶劣制动工况产生的大量摩

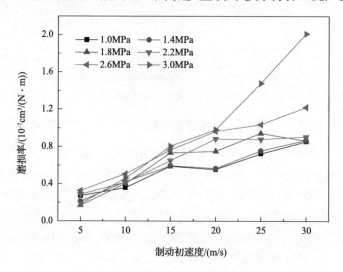

图 3-9　盘式制动器刹车片磨损率随制动初速度的变化曲线

擦热,高温使黏结剂软化,从而使表层材料更易脱落[12]。

3.3.2　制动压力的影响

载荷(压力)是影响材料摩擦学性能参数的又一个重要因素。由于不同载荷下材料摩擦磨损机理不同,所以摩擦学性能参数与载荷之间通常会表现出比较复杂的对应关系。研究制动压力对盘式制动器摩擦学参数影响的重要性,不仅在于可以获得制动器摩擦学性能随制动压力变化的基本规律,而且可以为工程上合理确定制动器的制动压力(油压)提供重要的基础性数据。

1. 制动压力对摩擦因数及其稳定系数的影响

图 3-8 包含了不同速度和压力下摩擦因数及其稳定系数的数值,但从图上难以直接观察出它们随制动压力的变化规律,为此变换坐标得到盘式制动器摩擦因数及其稳定系数随制动压力变化的曲线,如图 3-10 所示。从图 3-10 (a)可以看出,在制动初速度一定时,随制动压力的增加,摩擦因数不断下降;在较高的制动初速度(30m/s)下,制动压力对摩擦因数的影响较为明显,尤其是在高压阶段摩擦因数下降很快。从图 3-10 (b)可以看出,在较低的制动初速度下,随制动压力的增加,摩擦因数的稳定性较好,其稳定系数变化的范围较小,数值大多在85％以上,可见低速下制动压力对摩擦因数稳定性的影响不大;但当制动初速度达到 30m/s 时,摩擦因数的稳定系数数值明显减小,并且随制动压力的增大呈明显的下降趋势,例如,当制动压力增大到 3.0MPa 时,摩擦因数稳定系数下降到 70％左右。

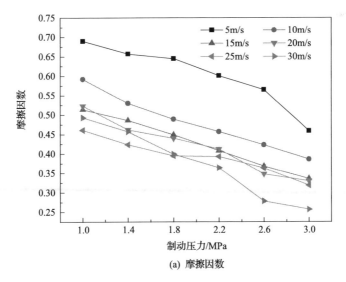

(a) 摩擦因数

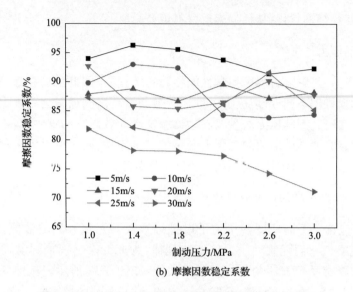

(b) 摩擦因数稳定系数

图 3-10　盘式制动器摩擦性能随制动压力的变化曲线

摩擦学理论表明,制动压力,即载荷主要通过表面真实接触面积的大小和变形状态来影响摩擦力[18]。常规方法加工的粗糙表面,摩擦总是发生在一部分接触峰点上,接触点的数目及各接触点的尺寸都将随着载荷增大而增加,从而导致实际接触面积的增大。设刹车片与制动盘间的实际接触面积为 A_0,刹车片表面单位面积上的剪切应力为 τ,则摩擦力 F 可表示为[1]

$$F = A_0 \tau \tag{3-11}$$

将式(3-11)代入式(3-1)式,得

$$\mu = \frac{A_0 \tau}{pA} \tag{3-12}$$

由于剪切应力 τ 为材料的固有参数,刹车片试样的名义接触面积 A 为定值,所以摩擦因数 μ 与实际接触面积 A_0 成正比,与名义载荷 pA 成反比。

随着制动压力的增加,一方面,刹车片承受载荷增大,摩擦因数减小;另一方面,刹车片所受正压力增大,摩擦表面实际接触的微凸体数量增多,实际接触面积增大,又将导致摩擦因数增大[11]。事实上,如果载荷的增加比率导致更大的实际接触面积增加比例,则摩擦因数就会增大;相反,如果实际接触面积增加的比例小于载荷增加的比例,则摩擦因数反而会减小[18]。对于半金属刹车片而言,在正式试验之前都经过 3000 转的初磨,与摩擦盘之间的实际接触面积已达到较为稳定的数值,制动压力增大引起实际接触面积的增加十分有限,此时摩擦因数主要取决于载荷增加的比例,因此图 3-10(a)所示的摩擦因数随制动压力的增加不断减小。在较低的制动初速度下,摩擦产生的热量较少,又由于半金属刹车片中添加了大量的铜纤维和铜粉,而铜具有很好的导热性能,因此低速下摩擦热对刹车片摩擦性能的影响不大,所以图 3-10(a)中在 30m/s 速度以下,摩擦因数随制动压力下降的速率基本相同,而在图 3-10(b)中相应速度阶段摩擦因数则表现出较好的稳定性。但在 30m/s 以上的高速工况下,由于摩擦热的急剧增加,表层材料受高温的影响出现了软化、热分解等变化,摩擦性能下降,所以在图 3-10(a)中摩擦因数的下降幅度有跳跃性的增加,而在图 3-10(b)中与此相对应的摩擦因数稳定系数则出现了明显的下降。

由此可见,在汽车制动过程中,一味靠增大制动压力来提高制动效果是不可靠的,因为在制动压力增大的同时,摩擦因数反而会不断减小,所以制动力矩未必会有明显增长。特别是在高速制动时,制动压力的增大反而可能会引起摩擦因数及其稳定系数的急剧降低,从而对制动产生不利影响。

2. 制动压力对磨损率的影响

采取同样的方法,将图 3-9 的曲线变换坐标得到制动压力对盘式制动器刹车片磨损率的影响趋势,如图 3-11 所示。从图 3-11 可以看出,在制动初速度一定时,磨损率随制动压力的增大整体上呈现上升趋势,但上升速率较缓;部分曲线中磨损率随压力增大反而出现下降趋势;但当制动压力在 2.6MPa 以上时,高速(≥25m/s)条件下的磨损率呈跳跃性增长。

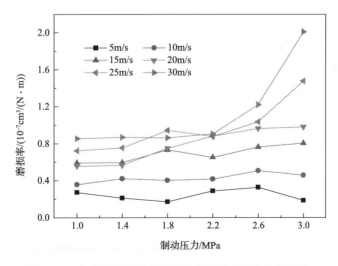

图 3-11　盘式制动器刹车片磨损率随制动压力变化曲线

由于摩擦副表面微观粗糙,在摩擦初期磨损率的增加主要来源于表面微凸体间的切削、塑性形变与脱落。制动压力与微凸体之间的镶嵌程度有关,其对摩

擦的影响则是纵向(垂直方向)的。随着制动压力的增大,微凸体间相互啮合的
程度加深,被切削和脱落的材料增加,磨损率上升,在制动压力不太高时,纵向载
荷作用尚不至于对刹车片表面微观结构产生影响,制动压力对磨损的影响不太
显著;但随脱落的磨屑增多,在剪切、挤压作用下,磨屑被碾成层片状,在摩擦表
面形成一层摩擦膜,阻碍了刹车片与对偶盘的直接接触,在一定程度上减小了磨
损程度[12];在高速及高压(≥2.6MPa)条件下,摩擦表面产生大量的摩擦热,导致
黏着剂发生碳化和质量损失,摩擦表面黏着作用下降,表层材料很容易脱落,从而
加剧磨损。因此,随着制动压力的增大,磨损率整体上呈上升趋势;摩擦膜的作用,
使得磨损率上升较缓,甚至在一定压力范围内减小;高速高压易使摩擦表面产生摩
擦热,加剧磨损。

3.3.3　温度的影响

大量研究表明,盘式制动器在制动过程中由于摩擦副高速摩擦产生的大量摩
擦热而引起的摩擦面高温是影响制动器摩擦学性能最主要的因素,也是多数情况
下导致制动失效最直接的原因[19,20]。因此,研究温度对制动器摩擦学性能的影响
规律和机理,对于避免由于高温导致制动性能劣化而引发的制动事故具有重要的
指导意义。

1. 温度对摩擦因数及其稳定系数的影响

图 3-12 所示为制动压力为 1.8MPa 时,在不同制动初速度条件下测得的盘式
制动器摩擦因数及其稳定系数随温度变化的关系曲线。

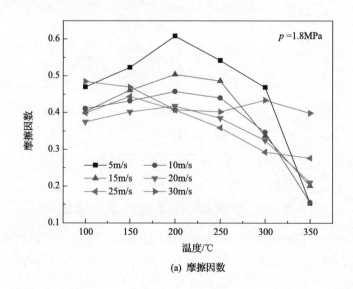

(a) 摩擦因数

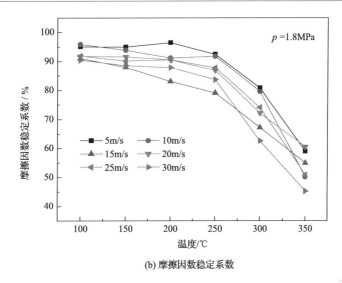

(b) 摩擦因数稳定系数

图 3-12　盘式制动器摩擦性能随温度的变化曲线

从图 3-12(a)中可以看出,随温度的升高,盘式制动器的摩擦因数整体上呈现先增大后减小的趋势,几乎所有曲线都是在 200℃左右摩擦因数达到最大值,之后随着温度的升高而减小。从图 3-12(b)所示的摩擦因数稳定系数的变化曲线可以看出,制动器摩擦因数的稳定性随温度的升高也呈现出先增大后减小的趋势,摩擦因数稳定系数的最大值也是在 200℃左右时达到,之后开始下降,而在 250℃以上下降速度明显加快。

摩擦学理论表明,摩擦副发生相互滑动摩擦时,表面温度的变化使表面材料的性质发生改变,从而影响材料的摩擦性能[11]。在较低的温度(200℃)下,半金属型刹车片的树脂基黏结材料尚处于正常耐热范围以内,因此刹车片表面仍能维持其常温下的材料构造。对于表层实际发生接触的微凸体而言,温度的升高使表面微凸体之间更容易发生黏着,较大面积的黏着增大了摩擦表面的实际接触面积,因此,图 3-12(a)所示的摩擦因数在此阶段随温度的升高有所增加,而在图 3-12(b)相应阶段摩擦因数则表现出较好的稳定性。当摩擦盘表面温度升高到 200℃以上后,基础温度的升高再加上摩擦热的影响,实际摩擦接触点处的温度将远高于此值,若接触点处的高温超过了刹车片材质中金属组分的熔点,则金属将会熔化,在法向和切向力的作用下,熔化的液态金属逐渐被展平而形成一层润滑膜,同时高温下树脂基黏结材料将会发生热分解,释放出 H_2、CO 等气体,在摩擦界面处形成一层气垫膜。由此可见,高温下摩擦表面处材料将会发生质的变化,摩擦也将由常温下的干摩擦转变为含有液体和气体的半润滑状态,因此在图 3-12(a)中高温阶段摩擦因数急剧下降,而在图 3-12(b)中高温阶段的摩擦因数稳定系数也明显降低。

前面已经讨论了制动初速变化对盘式制动器摩擦性能的影响,将图 3-12 和图

3-8 对比可以发现,图 3-8 所示的制动初速度对摩擦性能的影响曲线和图 3-12 所示的温度对摩擦性能影响曲线在高温段(>200℃)基本上保持一致,即呈现明显的下降趋势。这说明速度的升高对摩擦面温升的影响十分显著,即使是在 5~10m/s 的低速下,经过连续摩擦,刹车片的表面温度也很容易升高到 200℃ 以上,从而导致其摩擦性能的下降。在汽车的实际行驶过程中,行驶速度不断变化并且通常都处于较高的速度范围以内,因此必须采取有效的散热措施来减弱由于高速摩擦产生的高温对刹车片摩擦性能的不利影响。

2. 温度对磨损率的影响

图 3-13 所示为制动压力为 1.8MPa 时,在不同制动初速度条件下测得的盘式制动器刹车片磨损率随温度变化的关系曲线。

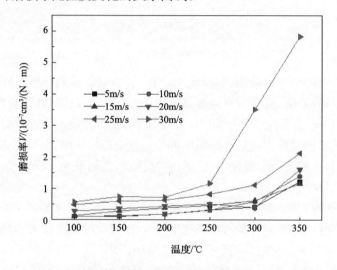

图 3-13　盘式制动器刹车片磨损率随温度的变化曲线

从图 3-13 可以看出,刹车片磨损率随温度的升高整体上呈现上升趋势,其中在低温阶段(100~250℃),磨损率增大速率相对平缓,而在高温阶段(>250℃)磨损率上升较快。这是由于刹车片在不同温度阶段的磨损形式不同:在低温阶段是黏着磨损、犁削磨损和磨粒磨损,磨损率变化较小;在高温阶段是热磨损,磨损率增加较快[12]。在较低的温度(250℃)下,表面微凸体相互挤压碰撞产生强烈的局部过热形成冷焊点,并被剪切断掉,从表面脱落,造成黏着磨损。由于制动盘硬度较大,制动盘上的凸峰被压入刹车片中,在相对滑动过程中,会在刹车片表面划出犁沟,从而造成犁削磨损。同时,在对磨过程中,刹车片表面的硬质粒子被剥离脱落后在摩擦界面滚动和摩擦,也造成了刹车片的磨损。以上三种磨损和制动初速度及制动压力相关,与温度关系不大,因此在低温阶段磨损率变化较小;当制动盘温度高于 250℃时,刹车片中的基体(黏结剂)会发生剧烈的热分解,高分子物质降解成液态或气态的低分子物质,造成黏结剂质量损失和碳化,而质量损失使得黏结剂数量减少,导致刹车片表面逐渐形成龟裂,碳化使得黏结剂丧失黏结作用,从而材料很容易从表面脱落,使磨损加剧,因此在高温阶段磨损率上升较快。

3.3.4　影响规律小结

本书以汽车盘式制动器制动工况为工程背景,进行了模拟制动试验,在不同的制动初速度、制动压力和温度下,对我国汽车广泛使用的半金属型刹车片和灰铸铁制动盘配副的制动器摩擦副的摩擦学性能进行了试验研究,得到了盘式制动器摩擦学性能参数在制动过程中的变化规律,取得的主要结论及其指导意义总结如下。

(1) 盘式制动器的制动摩擦学性能变化规律十分复杂,特别是深受制动工况参数(制动压力、制动初速度、温度等)的影响,并且其影响规律不尽相同。因此,盘式制动器摩擦学性能是材料和工况条件的综合特性,而不单纯是材料的固有特性。

(2) 在自然温升条件下,随制动压力和制动初速度的增大,盘式制动器的摩擦因数均不断减小,而刹车片磨损率均呈现明显上升趋势,相比较而言,制动初速度对刹车片磨损率的影响程度更大。在汽车在行驶过程中,制动初速度的上升和摩擦因数的减小会导致制动力矩下降,而加大制动压力虽然能加大正压力,但也会导致摩擦因数的减小,因而对制动力矩的增大十分有限。由此可见,汽车在高速行驶制动过程中,仅仅靠加大制动压力来实施紧急制动并不是一种可靠的方法。

(3) 在强制升温条件,随摩擦盘表面温度的上升,盘式制动器摩擦因数先增大后减小,在 200℃左右时达到最大值,而磨损率则呈现不断上升趋势。因此,汽车行驶过程中为保证刹车片始终具有良好的摩擦性能,必须采取有效的散热措施来降低制动盘表面的温度,使其不超过刹车片的耐热极限。

(4) 在较低的制动初速度、制动压力和表面温度下,刹车片摩擦因数尚具有较好的稳定性,而当制动初速度超过 30m/s、制动压力大于 1.8MPa、温度高于 200℃时,摩擦因数的稳定性明显变差。因此,在汽车行驶过程中,应特别注意高速、高温、高压工况下刹车片摩擦因数稳定性的劣化及其可能产生的危害。

参 考 文 献

[1] 黄平,孟永钢,徐华.摩擦学教程[M].北京:高等教育出版社,2007.

[2] 赵小楼,王铁山,程光明.汽车摩擦材料的研究现状与发展趋势[J].润滑与密封,2006,(8):173-176.

[3] Eriksson M, Bergman F, Jacobson S. On the nature of tribological contact in automotive brakes[J]. Wear, 2002, 252(1-2):26-36.

[4] 王红侠,姚冠新.汽车制动器摩擦材料的研究现状和发展[J].现代制造工程,2006,(10):136-139.

[5] 李兵,杨圣崇,曲波,等.汽车摩擦材料现状与发展趋势[J].材料导报,2012,(S1):348-350.

[6] 马洪涛,张勇亭,杨军.汽车制动摩擦材料研究进展[J].现代制造技术与装备,2011,(5):76-77.

[7] Ostermeyer G P, Müller M. Dynamic interaction of friction and surface topography in brake systems[J]. Tribology International, 2006, 39(5): 370-380.

[8] 施进平. 摩擦试验机测控系统的设计与研究[D]. 长沙: 中南大学, 2008.

[9] 郭列琰. 智能检测盘式制动器研制[M]. 西安: 西安科技大学出版社, 2006.

[10] 邵玉琳, 肖鸣. 盘式制动器的智能状态和故障检测[J]. 江苏煤炭, 2000, (1): 20-21.

[11] Yin Y, Bao J S, Yang L. Frictional performance of semimetal brake lining for automobiles [J]. Industrial Lubrication and Tribology, 2012, 64(1): 33-38.

[12] Yin Y, Bao J S, Yang L. Wear performance and its online monitoring of the semimetal brake lining for automobiles [J]. Industrial Lubrication and Tribology, 2014, 66(1): 100-105.

[13] 仝永昕. 工程摩擦学[M]. 杭州: 浙江大学出版社, 1994.

[14] Bharat B, 葛世荣. 摩擦学导论[M]. 北京: 机械工业出版社, 2007.

[15] 克拉盖尔斯基. 摩擦磨损计算原理[M]. 北京: 机械工业出版社, 1982.

[16] 鲍久圣. 提升机紧急制动闸瓦摩擦磨损特性及其突变行为研究[D]. 徐州: 中国矿业大学, 2009.

[17] Bao J S, Chen G Z, Zhu Z C, et al. Friction and wear properties of the composite brake material for mine hoister under different initial velocity[J]. Proceedings of the Institution of Mechanical Engineers, Part J, Journal of Engineering Tribology, 2012, 226(10): 873-879.

[18] Bao J S, Zhu Z C, Tong M M, et al. Influence of braking pressure on tribological performance of non-asbestos brake shoe for mine hoister during emergency braking[J]. Industrial Lubrication and Tribology, 2012, 64(4): 230-236.

[19] Bao J S, Zhu Z C, Tong M M, et al. Dynamic friction heat model for disc brake during emergency braking[J]. Advanced Science Letters, 2011, 4(11-12): 3716-3720.

[20] Zhu Z C, Bao J S, Yin Y, et al. Frictional catastrophe behaviors and mechanisms of brake shoe for mine hoisters during repetitive emergency braking [J]. Industrial Lubrication and Tribology, 2013, 65(4):245.

第4章　盘式制动器摩擦学性能智能预测方法

众多摩擦学研究表明,盘式制动器在制动过程中的摩擦学性能受制动工况条件的约束和影响,并呈现出复杂的变化规律。目前,关于盘式制动器制动摩擦学问题的研究,基本上都还局限于对摩擦因数、磨损率等摩擦学性能参数的试验分析和理论研究。近年以来,随着人工智能等技术的快速发展,人们对于摩擦学问题的研究逐渐由摩擦过程本身开始向摩擦预测及控制的方向发展。人工智能技术由于其对复杂非线性系统研究的突出优点,在摩擦学问题的研究中取得了非常成功的应用成果。若能实时监测盘式制动器的制动工况条件,并能据此准确预测其摩擦学性能参数的变化规律,则当预测到异常摩擦学状态时,就可以提前发出预警信号,提醒驾驶人员或通过自动控制系统对有关制动工况参数及时进行调整,从而避免因制动器摩擦学性能劣化而引发的制动事故。因此,开展盘式制动器摩擦学性能的智能预测研究,对于提高机械装备制动可靠性和保障驾乘或操作人员人身安全无疑都将具有重要的实际意义。鉴于此,将基于人工智能技术,建立一种基于制动工况对盘式制动器摩擦学性能进行智能预测的方法。

4.1　人工智能及其应用

人工智能(artificial intelligence,AI)的概念最早由 McCarthy 等于 1956 年提出,在随后的几十年里引起了众多学者和企业人士等的重视,并获得了持续的发展和广泛的应用。人工智能是伴随人类活动时时处处存在的,不同科学或学科背景的学者对其有不同的理解,所以迄今未能对其总结出统一的定义。从能力的角度,它是指智能机器模拟人类思维方式并执行人类行为的能力;从学科的角度,它是关于知识的学科,是怎样表示知识、获取知识以及使用知识的科学。

人工智能的发展可以归结为孕育、形成和发展三个阶段。孕育期主要指 1956 年以前,在这一阶段,许多科学家相继提出了形式逻辑、归纳法、万能符号和推理计算等重要的理论方法,此外,Atanasoff 教授开发了世界上第一台电子计算机,为人工智能的研究奠定了理论和物质基础。1956~1969 年是人工智能的形成阶段,期间人工智能的研究在机器学习、定理证明、模式识别、问题求解、专家系统及人工智能语言等方面都取得了许多引人注目的成就。1970 年以后是人工智能的发展阶段,人们总结研究的经验和教训,认识到知识是智能的基础。经过多年的研究,人工智能已逐步发展成为一门综合了控制论、信息论、计算机科学、神经生理学、心理学、遗传学、数学及哲学等多学科的交叉科学和技术。21 世纪是智能工业时代，"智能化"已成为了当前新技术、新产品、新产业的重要发展方向。随着计算机技术研究的深入，人工智能开始逐渐渗透到越来越多的领域中，逐步实现用计算机模拟人脑，进行推理、联想、学习和认知的目标。

4.1.1 人工智能理论基础

人工智能技术是利用人工制造的智能机器或智能系统来模拟人类各种智能活动的技术总称，其理论基础源自对人类智能的认知和模仿，主要包括：知识表示、推理、搜索、归纳学习和不确定性等[1~10]。

1. 知识表示

知识是智能的基础，计算机只有在获得了知识的情况下才能模拟人类的智能行为，而知识需要用适当的模式表示出来才能存储到计算机中，该过程即知识的表示。具体地说，知识表示是指对知识的一种描述或一组约定，是计算机可接受的用于描述知识的数据结构，而对知识进行表示的过程就是把知识编码成某种数据结构的过程。由于对知识的结构及机制尚未完全了解，关于知识表示的理论及规范也未建立，于是人们从不同的概念或功能角度来实现知识的表示，提出了一些知识表示的方法，主要有以下几种。

1) 一阶谓语逻辑表示法

人类智能的一个突出特点是具有逻辑思维能力，为了使机器也具备该种能力，就需要使用一种语言将思想或概念加以形式化表达。数理逻辑是一种类自然语言的形式化语言，它采用符号来研究人类的逻辑与推理，是人工智能的重要理论基础之一。数理逻辑主要包括命题逻辑和谓词逻辑，它将知识表示为经典逻辑中的谓词形式，方便了推理的过程中对知识的处理，但有许多知识是无法表示成谓词的，如不确定知识，所以该方法存在一定的局限性。

2) 产生式表示法

产生式表示法是由美国数学家 Post 于 1943 年提出的，该方法用类似于文法的规则对符号进行置换运算，而每一条置换规则称为一个产生式。该表示方法的基本形式类似于 IF-THEN 语句，由于许多知识可以用因果关系来描述，特别是这种因果关系与计算机中的一些语句结构十分相似时，处理起来就方便许多，所以其获得了人们的广泛重视和推广应用。目前，产生式表示法是人工智能中应用最多的一种知识表示方法，许多专家系统都用它来表示知识，但是对结构性知识进行表示时其存在明显不足。

3) 语义表示法

语义网络是描述概念、事物等之间各种含义的网络有向图，它通过实体及其语义关系来表达知识,是一种表达能力较强而且灵活的知识表示方法。在语义网络中,网络的节点代表实体,表示各种事物、概念、属性、状态、事件、动作等,网络中的弧线表示连接两个实体之间的语义联系,节点和弧线都必须带有标志,以便区分各种对象以及对象间各种不同的语义联系。每个节点可以带有若干属性,一般用框架或元组表示。另外,节点还可以是一个语义子网络,形成一个多层次的嵌套结构。这种表示方法反映了人类知识的网络结构化特性,它能使联想式推理在其上得到很好的发挥,为进行复杂推理打下基础。它很接近人类思维,但不能正确表示类属关系,忽视了事物有类的属性。

4) 框架表示法

框架表示法是一种基于框架理论的、结构化的知识表示方法。框架理论指出人们对现实世界中各种事物的认识以一种类似于框架的结构存储在记忆中,当面临新事物时,会从记忆中找出一个合适的框架,并根据实际情况对细节加以修改和补充,从而形成对当前事物的认识。框架表示的方法是把许多事物放在一起,构成一个集合,然后对集合中的联系和事实进行表示。该方法具有自然性、结构性和继承性的特点。自然性主要表现为其与人在观察事物时的思维活动是一致的,比较自然;结构性指其便于表达结构性知识,能够将知识的内部结构关系及知识间的联系表示出来;继承性表现为在框架网络中,下层框架可以继承上层框架的槽值,也可以进行补充和修改,这样减少了知识的冗余,也能更好地保证知识的一致性。

5) 脚本表示法

脚本表示法与框架表示法类似,由一组槽组成,表示特定范围内一些事情的发生序列,它可以看成框架的一种特殊形式。人类的知识数量庞大、涉及面广、关系复杂,为了将这些知识形式化表示并能够交给计算机进行处理,人们提出了原子概念处理方法,即将人类生活中各类故事情节的基本概念抽取出来,形成原子概念,并确定这些原子概念间的相互依赖关系,然后把所有故事情节都用这组原子概念及其依赖关系表示。这种表示法首先在自然语言理解方面得到应用,这是因为自然语言理解的特殊性。采用该方法,可以清楚地表示上下文关系及事物之间的动静态关系,同时还能充分考虑到上下文场景,但是由于实际中的各种场景复杂多样,会限制它的应用范围。

2. 推理

推理是指从初始证据出发,按照某种策略不断运用知识库中的知识,推出结论的过程。证据和知识是构成推理的两个基本要素。证据用以指出推理的出发点及推理时应该使用的知识;而知识是使推理得以向前推进,并逐步达到最终目标的依据。在人工智能系统中,推理是通过推理机来完成的,所谓推理机就是实现推理的程序。智能系统的推理主要涉及两个基本问题:一个是推理的方法,另一个是推理的控制策略。

1) 推理方法

推理方法主要解决推理过程中前提与结论之间的逻辑关系及非精确性推理中不确定性的传递问题。对推理可以有多种不同的分类方法,按照推理的逻辑基础可分为以下几类。

(1) 演绎推理。演绎推理是从全称判断推导出单称判断的过程,即由一般性知识推出适合于某一具体情况的结论。它是一种由一般到个别的推理方法,有三段论、假言推理、选言推理、关系推理等形式。常用的三段论是由一个大前提、一个小前提和一个结论三部分组成的。其中,大前提是由已知的一般性知识或推理过程得到的判断;小前提是关于某种具体情况或某个具体实例的判断;结论是由大前提推出的适合于小前提的判断。

(2) 归纳推理。归纳推理是从足够多的事例中归纳出一般性结论的推理过程,是一种从个别到一般的推理。它的前提是一些关于个别事物或现象的命题,而结论则是关于该类事物或现象的普遍性命题。它的基本思想是先从已知事实中猜测出一个结论,然后对这个结论的正确性加以证明确认。由于归纳推理的结论所断定的知识范围超出了前提所断定的知识范围,因此归纳推理的前提与结论之间的联系不是必然的,也就是说,其前提为真而结论为假是可能的,所以归纳推理是一种偶然性推理。

(3) 默认推理。默认推理是在知识不完全的情况下假设某些条件已经具备所进行的推理,也称为缺省推理。在推理过程中,如果发现原先的假设不正确,就撤销原来的假设以及由此假设推出的所有结论,重新对新情况进行推理。由于默认推理允许在推理过程中假设某些条件是成立的,这就解决了在一个不完备的知识集中进行推理的问题。

2) 控制策略

智能系统的推理过程相当于人类的思维过程,即求解问题的过程。问题求解的质量与效率不仅依赖于所采用的求解方法,而且还依赖于求解问题的策略,即推理的控制策略,它是指如何使用领域知识使推理过程尽快达到目标的策略。由于智能系统的推理过程一般表现为搜索的过程,所以推理的控制策略又可分为推理策略和搜索策略。其中,推理策略主要解决推理方向、冲突消解等问题,如推理方向控制策略、求解策略、限制策略和冲突消解策略等;而搜索策略主要解决推理线路、推理效果和推理效率等问题。

3. 搜索

现实世界中的大部分问题都是结构不良或非结构化的问题,对这样的问题一般没有成熟的、现成的求解算法可供利用,而只能利用已有的知识一步步地摸索着前进。在这一过程中,存在着如何寻找可用知识的问题,即如何确定推理路线,使其付出的代价尽可能的小,而问题又能得到较好的解决。另外,可能存在多条路线都可实现对问题的求解,即一个问题可能有多个解(路径),这就存在按哪一条路线进行求解可以获得较高的运行效率的问题。像这样根据问题的实际情况不断寻找可利用的知识,从而构造一条代价较小的推理路线,使问题得到圆满解决的过程就称为搜索。

搜索问题是人工智能的核心理论问题之一。一般一个问题可以用好几种搜索技术解决。选择何种搜索技术对解决问题的效率影响很大,甚至关系到所求解的问题有没有解。从处理方法上来看,搜索可分为盲目搜索和启发式搜索两种;从问题性质上来看,搜索可分为一般搜索和博弈搜索两种。盲目搜索一般统称为无信息引导的搜索,它在系统搜索之前,根据事先确定好的某种固定排序,依次调用规则或随机调用规则按预定的控制策略进行搜索,在搜索过程中获得的中间信息不用来改进控制策略。由于搜索总是按预先规定的路线进行,没有考虑到问题本身的特性,所以这种搜索具有盲目性,效率不高,不便于复杂问题的求解。启发式搜索也称为有信息引导的搜索,它在搜索中加入了与问题有关的启发性信息,根据这些启发性信息动态地确定规则的排序,优先调用较合适的规则用以指导搜索朝着原有希望的方向进行,加速问题的求解过程并找到最优解。显然,启发式搜索优于盲目搜索,但启发式搜索需要有与问题本身特性有关的信息,而这种信息并非对每一类问题都可以方便地抽取出来,即启发信息的获取可能较为困难,因此盲目搜索仍不失为一种应用较多的搜索策略。

4. 归纳学习

归纳学习是指从已给定的关于某个概念的一系列正例和反例中归纳出一般性的概念进行描述,它是符号学习中研究最广泛的一种方法。它的基本思想是在大量观察的基础上通过假设形成一个科学理论。观察一般都是单称命题,而理论往往是领域内的全称命题,从单称命题过渡到全称命题从逻辑上来说并没有必然的关系,对于不能观察的事实往往默认它们成立。把归纳推理得到的归纳断言作为知识库中的知识使用,而且作为默认知识使用,当出现与之矛盾的新命题时,可以推翻原有的由归纳推理得出的默认知识,以保持系统知识的一致性。

归纳学习可以分为实例学习、观察与发现学习两大类。实例学习又称为概念获取,它的任务是确定概念的一般描述,这个描述应能解释所有给定的正例,并排除所有给定的反例。这些正反例由信息源提供,信息的来源非常广泛,可以是自然现象,也可以是试验结果。实例学习是根据教师给以分类的正反例进行的学习,是有教师学习。观察与发现学习,又称描述的泛化,这类学习没有教师的帮助,它要产生解释所有或大多数观察的规律和规则,包括概念聚类、构造分类、发现定理、形成理论等。观察与发现学习由未经分类的观察学习或由系统自身的功能去发现，是无教师学习。

5. 不确定性

众所周知，经验性知识一般都带有某种程度的不确定性。在此情况下，如若仍用经典逻辑做精确处理，就势必要把客观事物原本具有的不确定性及事物之间客观存在的不确定性关系转化为确定性的，在本来不存在明确类属界限的事物间人为地划定界限，这无疑会舍弃事物的某些重要属性，从而失去了真实性。由此可以看出，人工智能中对推理的研究不能仅仅停留在确定性推理这个层次上，为了解决实际问题，还必须开展对不确定性的表示及处理的研究，这将使计算机对人类思维的模拟更接近人类水平。不确定性推理的基本问题包括关于证据的不确定性表示、规则的不确定性表示、不确定性的计算和语意问题，这些问题的不同解决方法就形成了各种不确定推理方法。

1) 证据的不确定性

在推理过程中，证据一般有两种来源：一是通过观察而得到的所要求解问题的初始证据，另一个则是将前面推理得出的结论作为当前新的推理证据。在前面的推理中，所使用的初始证据具有不确定性，而且在推理过程中所使用的知识也具有不确定性，这些都会导致所推出结果的不确定性。

证据的不确定性表现是指采用什么方法描述证据的不确定性，这是解决不确定推理的关键。通常有数值表示和非数值的语意表示两种方法，但二者都还不够完善。数值表示便于计算和比较，而定性的非数值表示更容易描述不确定问题。对于初始证据，其值由用户给出；对于推理中所得结论作为当前推理的证据，其值由推理中不确定性的传递算法通过计算得到。

2) 规则的不确定性

规则的不确定性是指当规则的条件完全满足时，产生某种结论的不确定程度。

3) 不确定性计算

不确定性的计算是指不确定性的传播和更新，也即获得新的信息的过程，包括不确定性的传递问题、证据的不确定性合成问题、结论不确定性合成问题。

4) 语义问题

语意问题是指上述关于证据和规则的表示和计算的含义是什么，即对它们进行解释。

不确定性推理的方法大致可分为定量的数值计算方法和定性的非数值计算方法，当前研究和应用较多的是用数值对非精确性进行定量表示和处理的方法，主要有基于概率理论的确定性理论方法、主观 Bayes 方法、证据理论等的推理方法和基于模糊理论的模糊推理方法。

4.1.2　人工智能应用

人工智能作为一门由多种学科相互渗透而发展起来的综合性学科,一直吸引着不同研究背景的学者对其保持高度的关注。随着计算机技术不断进步,应用范围不断扩大,人工智能的应用也逐渐深入到更多的研究领域。目前,人工智能的主要应用领域包括自然语言理解、数据库智能检索、专家咨询系统、定理证明、博弈、机器人学、自动程序设计、组合调度、感知问题等[1~10]。

1. 自然语言理解

自然语言是人类之间信息交流的主要媒介,由于人类有很强的理解语言的能力,所以相互间的信息交流显得轻松自如。然而,目前计算机系统和人类之间的交互还只能使用严格限制的各种非自然语言,因此解决计算机系统能理解自然语言的问题引起了人们的兴趣和重视,并且一直是人工智能领域的重要研究课题之一。此外,实现机器翻译的过程中,如果计算机确实会理解一个句子的意义,那么就可能进行释义,从而能较通顺地给出译文。目前人工智能研究中,在理解有限范围的自然语言对话和理解用自然语言表达的小段文章或故事方面的程序系统已有一些进展,但由于理解自然语言涉及对上下文背景知识的处理以及根据这些知识进行推理的一些技术,所以实现功能较强的理解系统仍是一个比较艰巨的任务。

2. 数据库智能检索

数据库系统是存储某个学科大量事实的计算机系统,随着应用的进一步发展,存储信息量越来越庞大,因此解决智能检索的问题便具有实际意义。智能信息检索系统应具有如下的功能。

(1) 能理解自然语言,允许用自然语言提出各种询问。

(2) 具有推理能力,能根据存储的事实,演绎出各需的答案。

(3) 系统拥有一定的常识性知识,以补充学科范围的专业知识。系统根据这些常识,将能演绎出更多问题的答案。

实现这些功能都需要应用到人工智能的方法。

3. 专家咨询系统

专家咨询系统就是一种智能的计算机程序系统,该系统存有某个专门领域中经事先总结、并按某种格式表示的专家知识(构成知识库),并拥有类似于专家解决实际问题的推理机制(组成推理系统)。系统能对输入信息进行处理,并运用知识进行推理,做出决策和判断,其解决问题的水平达到专家的水准,因此能起到专家的作用或成为专家的助手。专家系统的开发和研究是人工智能研究中面向实际应用的课题,受到人们的极大重视。已开发的系统数以百计,应用领域涉及化学、医疗、地质、气象、教育和军事等,可以说只要有专家工作的场合,就可以开发专家系统。

目前,专家系统主要采用基于规则的演绎技术,开发专家系统的关键问题是知识表示、应用和获取技术,困难在于许多领域中专家的知识往往是琐碎的、不精确或不确定的,因此目前研究仍集中在这一核心课题。此外,专家系统开发工具的研制发展也很迅速,这对扩大专家系统应用范围、加快专家系统的开发过程,起到了积极的作用。

4. 定理证明

数学领域中对臆测的定理寻求一个证明,一直被认为是一项需要智能才能完成的任务。证明定理时,不仅需要有根据假设进行演绎的能力,而且需要有某些直觉的技巧。例如,数学家在求证一个定理时,会熟练地运用他丰富的专业知识,猜测应当先证明哪一个引理,精确判断出已有的哪些定理将起作用,并把主问题分解为若干子问题,分别独立进行求解。因此,人工智能研究中机器定理证明很早就受到关注,并取得不少成果。

定理证明的研究在人工智能方法的发展中曾起过重要的作用,如使用谓词逻辑语言,其演绎过程的形式体系研究,帮助人们更清楚地理解推理过程的各个组成部分。许多其他领域的问题,也可以转化为定理证明的问题,因此机器定理证明的研究具有普遍意义。

5. 博弈

认为博弈是智能的活动,人工智能中主要研究下棋程序,在 20 世纪 60 年代就出现了很有名的西洋跳棋和国际象棋的程序,并达到了大师的水平。进入 20 世纪 90 年代,IBM 公司以其雄厚的硬件基础,支持开发了后来被称为"深蓝"的国际象棋系统,并为此开发了专用的芯片,以提高计算机的搜索速度。此后,"深蓝"象棋系统还与国际象棋世界冠军卡斯帕罗夫进行了两次比赛,并因在第二次比赛中战胜了卡斯帕罗夫而引起了极大的轰动。

博弈问题为搜索策略、机器学习等研究课题提供了很好的实际背景,发展起来的一些概念和方法对其他人工智能问题也很有用。

6. 机器人学

随着工业自动化和计算机技术的发展,到 20 世纪 60 年代机器人开始进入大量生产和实际应用阶段。此后,由于自动装配、海洋开发和空间搜索等实际问题的需要,对机器的智能水平提出了更高的要求。特别是危险的环境及人们难以胜任的场合更迫切需要机器人,从而推动了智能机器的研究。

机器人学的研究推动了许多人工智能思想的发展,有一些技术可在人工智能研究中用来建立世界状态模型和描述世界状态变化的过程。关于机器人动作规划生成和规划监督执行等问题的研究,推动了规划方法的发展。此外,由于智能机器是一个综合性的课题,除了机械手和步行机构,还要研究机器视觉、触觉、听觉等传感技术以及机器人语言和智能控制软件等。可以看出,这是一个涉及精密机械、信息传感技术、人工智能方法、智能控制及生物工程等学科的综合技术。这一课题研究有利于促进学科的相互结合,并大大推动人工智能技术的发展。

7. 自动程序设计

自动程序设计是采用自动化手段进行程序设计的技术和过程,它以实现某个目标的高级描述为输入,然后自动生成一个能完成这个目标的具体程序。在某种意义上,编译程序实际就是去做"自动程序设计"的工作。编译程序接受一段有关于某件事情的源码说明(源程序),然后转换成一个目标码程序(目的程序)去完成这件事情。而这里所说的自动程序相当于一种"超级编译程序",它要求能对高级描述进行处理,通过规划过程,生成得到所需的程序。因而自动程序设计所涉及的基本问题与定理证明和机器人学有关,要用到人工智能方法来实现,它也是软件工程和人工智能相结合的课题。

自动编制出一份程序来获得某种指定结果的任务与论证一份给定的程序将获得某种指定结果的任务是紧密相关的,前者称为程序综合,后者称为程序验证。许多自动程序设计系统将产生一份输出程序的验证作为额外的收益。自动程序设计研究的重大贡献之一就是把程序调试的概念作为问题求解的策略来使用。实践已经发现,对程序设计或机器人控制问题,先产生一个代价不太高的有错误的解,然后在进行修改的做法,通常要比坚持要求第一次得到的解就完全没有缺陷的做法效率要高得多。

8. 组合调度问题

有许多实际应用时确定最佳调度或最佳组合的问题,旅行商问题就是其中之一。这个问题是要求给推销员确定一条最短的旅行路线,他的旅程是从某一个城市出发,遍访他所要访问的城市,而且每个城市只访问一次,最后回到出发城市。该问题的一般化提法是:对由几个节点组成的一个图的各条边,寻找一条最小耗费的路径,使这条路径只对每一个节点穿行一次。在大多数的这类问题中,随着求解问题规模的增大,求解程序都面临着组合爆炸的问题。这些问题中有几个(包括旅行商问题)是属于被计算理论家称为 NP-完全性的问题。

计算理论家根据理论上的最佳方法计算出所要求解时间(或步数)的最严重情况来排列不同问题的困难程度。时间(或步数)随着问题大小的某种变量(如旅行商问题中,城市数目就是问题大小的一种变量)的增加而增长。问题的困难程度可随问题大小按线性、多项式或指数方式增长。用现在知道的最佳方法求解 NP-完全性问题,所花费的时间是随着问题规模增大按指数方式增长的,但迄今还不知道是否有更快的方法(如只涉及多项式时间)存在。人工智能学者曾经研究过若干种组合问题的求解方法,他们的努力主要集中在使"时间-问题大小"曲线的变化尽可能缓慢,即使它必须按指数方式增长。此外,有关问题领域的知识确实是一些较有效的求解方法的关键因素,为处理组合问题而发展起来的许多方法,对其他组合爆炸不甚严重的问题也是有用的。

9. 感知问题

人工智能研究中,已经给计算机系统装上摄像机输入以便能够"看见"周围的东西,或者装上话筒以便能"听见"外界的声音。视觉和听觉都是感知问题,都涉及要对复杂的输入数据进行处理。试验证明,有效的处理方法要求具有"理解"的能力,而理解则要求大量有关感受到的事物的许多基础知识。

在人工智能研究中的感知过程通常包含一组操作,如可见的景物由传感器编码,并表示为一个灰度数值的矩阵,这些灰度数值由检测器加以处理,检测器搜索主要图像的成分,如线段、简单曲线、角等。这些成分又被处理以便根据景物的表面和形状来推测有关景物三维特征的信息,其最终目标则是利用某个适当的模型来表示该景物。例如,一个高层描述组成的模型是:"一座山,山顶上有一棵树,山上牛正在吃草。"

整个感知问题的要点是建立一个精炼的表示来取代难以处理的极其庞大的、未经加工的输入数据,这种最终表示的性质和质量取决于感知系统的目标。例如,若颜色是重要的,则系统必须予以重视;若空间关系和变量是重要的,则系统必须给予精确判断。不同的系统将有不同的目标,但所有的系统都必须把来自输入多得惊人的感知数据压缩为一种容易处理且有意义的描述。

在视觉问题中,感知一幅景物的主要困难是候选描述的数量太多。有一种策略是对不同层次的描述做出假设,然后再测试这些假设,这种假设-测试的策略给这个问题提供了一种方法,它可应用于感知过程的不同层次上。此外,假设的建立过程还要求大量有关感知对象的知识。感知问题除了信号处理技术外,还涉及知识表示和推理模型等一些人工智能技术。

4.2　人工神经网络及其摩擦学应用

人工神经网络(artificial neural networks,ANN)是在研究生物神经网络系统的学习能力和并行机制的基础上提出的一门新兴交叉学科。人工神经网络系统是指利用工程技术手段模拟人脑神经网结构和功能的一种技术系统,它是一种大规模并行的非线性动力学系统。作为人工智能的一个重要分支,神经网络具有对信息的分布存储、并行处理以及自学习能力等突出优点,目前已在信息处理、模式识别、智能控制等工程技术领域获得了十分广泛的应用。人工神经网络具有演绎、归纳和推理等智能计算能力,无需人为通过烦琐的计算公式即可解决一些复杂的非线性问题。大量研究表明,将人工神经网络技术运用在摩擦学领域,对解决复杂、不确定和非线性的摩擦学问题特别有帮助。

4.2.1　人工神经网络模型

人工神经网络根据神经元之间的连接方式不同,可以组成不同结构形态的神经网络系统。到目前为止,已有 30 多种人工神经网络模型被开发和应用,下面是它们中有代表性的一些模型[11~16]。

(1) 误差反向传播(BP,back propagation)网络。BP 网络是一种反向传递并能修正误差的多层映射网络,最初的反向传播训练算法是一种迭代梯度算法,用于求解前馈网络的实际输出与期望输出间的最小均方差值。当参数适当时,BP 网络能够收敛到较小的均方差,是目前应用最广的网络之一。BP 网络的短处是训练时间较长,且易陷入局部最小。

(2) 自适应谐振理论(ART)。ART 网络可分为 ART-1 和 ART-2,前者用于二值输入,而后者用于连续值输入。ART 的不足之处在于过分敏感,输入有很小的变化时,输出变化就会很大。

(3) 双向联想存储器(BAM)。BAM 网络是一种单状态互连网络,具有很强的学习能力,其缺点为存储密度较低,且易于振荡。

(4) 对流传播网络(CPN)。CPN 网络是一个通常由五层组成的连接网,可用于联想存储,其缺点是要求较多的处理单元。

(5) Hopfield 网络。Hopfield 网模型由一组可使某个能量函数最小的微分方程组成,是一类单层自联想网络,其短处为计算代价较高,而且需要对称连接。

(6) Boltzmann 机(BM)。BM 网络建立在 Hopfield 网络基础上,具有很强的学习能力,能够通过一个模拟退火程序寻求解答,但其不足在于训练时间比 BP 网络要长。

(7) Madaline 算法。它是一组具有最小均方差线性网络的组合,能够调整权值使期望信号与输出值之间的误差最小。此算法是自适应信号处理和自适应控制的得力工具,具有较强的学习能力,但是要求输入和输出之间必须满足线性关系。

(8) 认知机(Neocogntion)。它是至今为止结构上最为复杂的多层网络,可通过无师学习,具有选择能力,对样品的平移和旋转不敏感,但是认知机所用节点及其互连较多,参数数目多且较难选取。

(9)感知器(Perceptron)。它是一组可训练的分类器,是最古老的神经网络结构之一,现已很少使用。

(10) 自组织映射网(SOM)。SOM 网络以神经元自行组织校正具体模式的概念为基础,能够形成簇与簇之间的连续映射,起到矢量量化器的作用。

4.2.2 人工神经网络特点

神经网络虽然有许多不同的模型和算法,但不同类型的人工神经网络通常都具有以下一些共同的结构特点和功能[11~16]。

(1)有大量处理单元相互连接,单元均有相应的激活和输出,按一定的学习规则改变连接模式。

(2)信号要有一定的传播方式,按照一定的规则激活。

(3)神经元之间的连接形式有单层和多层之分,又有前向网络和反向网络之分。

(4)神经元的功能函数有多种模型,各种神经元在处理信息时是各自独立的,它们分别接受输入作用后产生输出。

(5)学习功能是 ANN 的主要特征之一,但不同的学习方法影响神经网络功能。

(6)ANN 具有信息处理的并行性,它是对人脑结构和功能的模拟,但偏重对结构的模拟。

(7)ANN 的联想记忆方式使它具有分类和模式识别功能,并具有抗噪声干扰的能力。

(8)信息存储的分布性和容错性。在传统的串行体系计算机中,信息分布在独立的存储单元中,任何部分内存的损坏都将导致整个信息的无效,而在神经网络中信息则分散分布在神经元的连接上,单个连接权值和神经元都没有多大用途,但它们组合起来就能从宏观上反映出一定的信息特征。对个别神经元和连接权值的损坏都不会对信息特征造成太大影响,表现了神经网络强大的鲁棒性和容错能力,在输入信号受到一定干扰时,输出也不会有太大的畸变。

正是基于以上突出的特点,使得 ANN 已广泛应用于人工智能、自动控制、机器人、统计学等领域的信息处理之中。

4.2.3 BP 神经网络

迄今为止,尽管已经提出了许多神经网络模型,但 BP 神经网络(误差反向传播神经网络)一直是其中应用最广泛,也是发展最成熟的一种神经网络,它主要采取的是误差反向传播算法(BP 算法)[16]。典型的 BP 网络是三层前馈阶层网络,即输入层、隐含层、输出层,各层之间实行全连接,其网络结构示意图如图 4-1 所示。

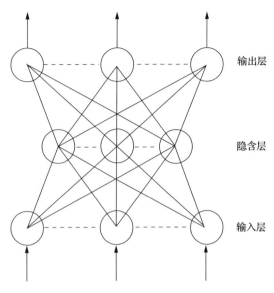

图 4-1　三层 BP 网络结构示意图

BP 算法是在有导师指导下适合多层网络的一种学习方法,它建立在梯度下降法的基础上,其基本思想是根据希望的输出和实际的网络输出之间的误差平方最小原则来修改网络的权向量。

定义误差函数 $e(\boldsymbol{W})$

$$e(\boldsymbol{W}) = \frac{1}{2} \left[Y(k) - \bar{Y}(\boldsymbol{W}, k) \right]^2 \tag{4-1}$$

式中,$Y(k)$ 为神经网络的希望输出;$\bar{Y}(\boldsymbol{W}, k)$ 为神经网络的实际输出;$\boldsymbol{W}$ 为网络的所有权值组成的向量。

梯度下降法就是沿着 $e(\boldsymbol{W})$ 的负梯度方向不断修改 $\boldsymbol{W}(k)$ 的值,直到 $e(\boldsymbol{W})$ 达到最小值,用数学式可表示为

$$\boldsymbol{W}(k+1) = \boldsymbol{W}(k) + \eta(k) \left(-\frac{\partial e(\boldsymbol{W})}{\partial \boldsymbol{W}} \right) \Big|_{\boldsymbol{W} = \boldsymbol{W}(k)} \tag{4-2}$$

式中,$\eta(k)$ 为控制权值修改速度的变量。

BP 网络的学习通常由四个过程组成:输入模式由输入层经隐含层向输出层的"模式顺传播"过程、网络的希望输出与实际输出之差的误差信号由输出层经中间层向输入层逐层修正连接权的"误差逆传播"过程、由"模式顺传播"与"误差逆传播"的反复交替进行的网络"记忆训练"过程、网络趋向收敛即网络的全局误差趋向极小值的"学习收敛"过程。归结起来为模式顺传播 → 误差逆传播 → 记忆训练 → 学习收敛。具体计算过程如下。

设网络共有 m 层(不包括输入层),第 l 层的神经元数为 n_l,$y_k^{(l)}$ 表示第 l 层结

点 k 的输出,表示为

$$\bar{y}_k^{(l)} = W_k^{(l)} \cdot y^{(l-1)} = \sum_{j=1}^{n_{l-1}} W_{k_j}^{(l)} y_j^{(l-1)}$$

$$y_k^{(l)} = f(\bar{y}_k^{(l)}), \quad k = 1, 2, \cdots, n_l \tag{4-3}$$

式中,$W_k^{(l)}$ 为连接第 $l-1$ 层结点到第 l 层结点 k 的权向量;$Y^{(0)} = X$。

给定样本模式 (X, Y) 后,神经网络的权值将被调整,使下列准则函数最小

$$E(W) = \frac{1}{2} \parallel Y - \hat{Y} \parallel^2 = \frac{1}{2} \sum (Y_k - \hat{Y}_k)^2 \tag{4-4}$$

式中,$\hat{Y}_k$ 为网络的输出,且 $\hat{Y}_k = y_k^{(M)}$。

由梯度下降法可求得 $e(W)$ 的梯度来修正权值,即输出权向量 $W_k^{(l)}$ 的修正量可由式(4-5)求得

$$\Delta W_k^{(l)} = -\alpha \frac{\partial e}{\partial W_k^{(l)}} = \alpha \delta_k^{(l)} y^{(l-1)}, \quad \alpha \text{ 为正常数} \tag{4-5}$$

这里对于输出层 M,有

$$\delta_k^{(M)} = (Y_k - Y_k^{(M)}) f(\bar{Y}_k^{(M)}) \tag{4-6}$$

对于其他层,有

$$\delta_k^{(l)} = \sum_{j=1}^{n_{l+1}} W_j^{l+1} \delta_j^{(l+1)} f(\bar{Y}_j^{(l)}), l = 1, 2, \cdots, M-1 \tag{4-7}$$

BP 算法的实质仍然是梯度下降法,但它存在着容易产生局部极小和收敛速度慢的问题,为了克服这些问题常使用下列技巧。

(1) 重新给网络的权值初始化。

(2) 给权值加些扰动,有可能使网络脱离目前局部极小点的陷阱,但仍然能保持网络学习已获得的结果。

(3) 在网络的学习样本中加些噪声,可避免网络依靠死记的办法来学习。

(4) 试选网络的大小,尽量使网络的层数保持在三层。

4.2.4 人工神经网络在摩擦学领域应用现状

众所周知,摩擦学是研究摩擦、润滑和磨损以及三者之间的基础理论与实践的重要学科[17]。摩擦学系统是一个不稳定、不规律的复杂系统,其复杂性表现为摩擦行为的非线性、随机性、混沌性、分形性及不可逆性等特征[18,19]。近年来,人工神经网络以其对复杂非线性问题的突出分析解决能力,在摩擦学领域得到了非常广泛的应用。

1. 摩擦学系统描述

摩擦学系统涵盖很多复杂的问题,其组成元素之间相互作用、相互影响,而且

具有非定常、非线性的特征。摩擦学特性涉及摩擦形式、环境条件、磨损机理、磨损特性的测定与表示等多个方面,特性随系统不同也会发生变化,则从一个摩擦学系统中获得的理论知识需要通过条件转化才能在另一个系统中使用。人工神经网络技术在摩擦学系统条件转化中发挥了重要的作用[20~24],原因在于其具有强大的并行运算能力、自适应学习能力、善于联想和综合的能力及较强的容错性和鲁棒性,从而为解决摩擦学系统条件转化规律多、数据量及计算量大的问题提供了很大帮助。而且与自适应识别模型及依赖大量试验数据而建立的经验模型相比,人工神经网络模型具有更好的效果。例如,徐建生等[25]根据摩擦学系统条件转化研究和实例分析,建立了基于 BP 神经网络的转化模型,实现了将某些系统条件下的摩擦学特性转化到其他条件下使用。BP 神经网络以 BP 算法为学习方法,存在易使问题陷入局部极小的技术不足,而径向基函数网络(RBF 神经网络)与 BP 神经网络相比,逼近能力、分类能力更强,数据处理速度也更快,因此在摩擦学系统描述中的应用效果更佳。例如,涂益明等[26]就以 RBF 神经网络建立了热影响区油润滑磨损工况条件与摩擦学性能之间的人工神经网络模型,证实 RBF 神经网络对摩擦系统性能的预测准确度更高。

为了保证摩擦学系统具有稳定的工作状态,可以从结构合理性的角度对其进行优化设计,而基于人工神经网络的建模方法在摩擦学系统的结构优化设计中发挥了重要作用。例如,徐建生等[27,28]采用人工神经网络技术,在对摩擦学系统建立条件转化模型的基础上,在求得的所有条件转化结果中获取条件的最优解,建立了系统结构寻优模型,实现了对摩擦学系统结构的优化设计等。

2. 摩擦材料配方设计

摩擦材料是一种应用在动力机械上,依靠摩擦作用执行制动或传动功能的复合材料,一般由有机黏结剂、增强纤维、摩擦性能调节剂和填料等四种主要成分和其他配合剂组成[29~31]。为了满足摩擦材料性能要求,研究人员需要根据配方与性能之间的关系,通过配方设计来实现摩擦材料的制备。由于材料科学本质的非线性,传统的数学模型方法难以对材料配方与性能之间的复杂非线性关系进行准确描述。人工神经网络因其自学习能力强,无需任何先验函数的假设和既定公式的形式,仅以少量的试验数据为依据,经过有限次迭代计算便可获得反映试验数据内在规律的数学模型,在摩擦材料的配方设计中也获得了广泛的应用[32~37]。例如,Fu 等[38]借助均匀设计和神经网络技术对摩擦材料的配方设计进行研究,以材料的成分为输入量、摩擦磨损量为输出量,分析了不同组分摩擦材料的性能,从而设计出了满足工况要求的摩擦材料;韩俊华等[39]以成分的配比、加工工艺和测试条件为输入量,以磨损率为输出量,针对掺杂了粉煤灰、用无机纤维作为增强体的摩擦材料建立了人工神经网络模型,并采用 L-M 算法对网络实施训练,用试验数据对网络进行验证,证明了人工神经网络对摩擦材料的设计与制备的确具有很大帮助等。

3. 摩擦学性能预测分析

摩擦学研究表明,材料的摩擦磨损行为是一个复杂多变的过程,其摩擦学性能受材料内在特性和外在工况条件等多种因素的影响,并且呈现出复杂的变化规律,运用常见的物理、数学方法很难准确计算和控制这些特征量的非线性变化规律。利用人工智能技术的自学习、自联想能力,可以挖掘试验数据中包含的内在规律,并可扩展出更多的非试验数据,从而总结出具有代表性的函数关系,形成一个较为全面的摩擦学性能数据库系统,这既方便了数据的共享,也减少了试验的重复[40,41]。在实际应用中,人工神经网络以其简便易行的技术特点,在对材料摩擦学性能的预测分析中应用最为广泛[42,43]。

摩擦因数作为材料最主要的摩擦学性能指标,通常作为神经网络预测分析的首选输出对象。例如,Jones[44]提出了应用神经网络技术对材料摩擦因数进行预测的一般方法;Genel[45]、Durak[46]分别建立神经网络模型,讨论了纤维含量、成分、负荷及添加剂种类对材料摩擦因数的影响;王进野等[47]建立了基于神经网络的提升机衬垫摩擦因数模糊综合评判模型,利用神经网络的自学习能力,使综合评判结果更加准确;刘军等[48]建立了以轧件温度、黏度、轧制速度为输入,以摩擦因数为输出的神经网络模型,对冷连轧机电机负荷不平衡进行预报等。

磨损率及磨损状态也是衡量材料摩擦学性能的主要指标,有不少文献应用神经网络技术对其进行了研究。例如,徐建生等[49]利用双隐层 BP 人工神经网络,建立了丝杆螺母副磨损率与滑动速度关系的数学模型;梁华等[50]采用定量铁谱参数中的总磨损作为预测磨损趋势的特征参数,讨论了磨损趋势的神经网络预测方法;Grigoriev[51]运用神经网络技术,通过对润滑油中磨屑的形貌分析来监测摩擦副的磨损状态;周敬勇[52]建立了板料拉深成形中润滑油、模具表面粗糙度、拉深速度和板料表面粗糙度与摩擦因数的 BP 神经网络摩擦模型;郝高杰[53]通过神经网络对涂层进行摩擦磨损性能的预测分析,预测结果所反映的规律和试验结果所反映的规律吻合,预测精度较高;赵军等[54]根据拉深成形过程的特点及生产过程中自动化程度的要求,建立了材料性能参数和摩擦因数识别的人工神经网络模型;邱明等[55]基于遗传神经网络技术建立了铝基复合材料在高速干滑动过程中的摩擦行为预报模型,并用该模型对铝基复合材料进行预报;盛晨兴等[56]通过提取磨粒形状特征参数、颜色特征参数和表面纹理等特征参数对磨粒形态进行量化表征,建立了遗传算法改进的 BP 神经网络模型等。

大量研究成果表明,将人工神经网络应用到摩擦学领域,对解决摩擦学理论建模、材料配方设计以及摩擦学性能预测分析等复杂非线性问题都具有重要意义。

但是,从目前的研究现状来看,虽然人工神经网络在对材料摩擦学性能分析与预测等方面已有不少应用,但目前所建立的神经网络模型大都仅对材料的摩擦因数或磨损率单个参数进行预测分析,而结合制动工况对盘式制动器摩擦学性能参数进行预测和评判的研究工作则鲜有报道。

4.3　基于人工神经网络的盘式制动器摩擦学性能智能预测方法

　　针对当前研究不足,本书提出了基于人工神经网络的盘式制动器摩擦学性能智能预测方法,其智能预测模型结构示意图如图 4-2 所示。盘式制动器摩擦学性能智能预测方法的基本思想是:首先,基于人工神经网络技术基本原理,构建以盘式制动器的制动工况参数作为输入、以摩擦学性能参数作为预测输出的神经网络智能预测模型;其次,利用盘式制动器摩擦学性能试验数据样本训练神经网络模型,利用神经网络自学习能力使其掌握制动工况条件和摩擦学性能参数之间的复杂非线性关系;最后,利用神经网络的智能分析和预测能力,实现在任意制动工况条件下,由智能预测模型预测盘式制动器对应的摩擦学性能。

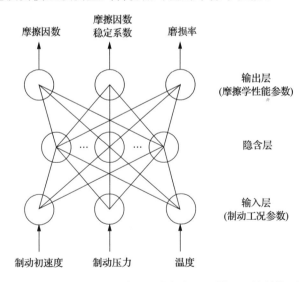

图 4-2　盘式制动器摩擦学性能智能预测模型网络结构图

　　为了构建图 4-2 所示的智能预测模型,下文详细讨论了智能预测模型的隐含层及其神经元数、输入和输出层神经元数、初始权值和阈值、学习方法、传递函数、学习率、网络训练次数、再学习机制等神经网络结构和参数的建立与确定方法[57~62]。

4.3.1　隐含层

对于多层神经网络来讲,首先需要确定选用几个隐含层,接着还需要确定每个隐含层包含的神经单元数量。

1. 隐含层数

Nielsen 曾证明,当各节点具有不同的门限时,对于在任何闭区间的一个连续函数都可以用 一个隐含层的网络来逼近。因此,一个二层的基于 BP 算法的神经元网络就可以完成任意的 n 维到 m 维的映射,但由于上述先决条件难以满足,所以往往导致应用的困难。Kolmogorov 映射存在定理指出:对任一连续函数或映射 $f:(E^m \rightarrow R^n)$,$f(x)=Y$,E 是单位闭区间 $[0,1]$,f 可以精确地用一个三层神经网络实现。1988 年 Cybenko 指出:当各节点均采用 S 型函数时,一个隐含层就足以实现任意判别分类问题,两个隐含层则足以表示输入图形的任意输出函数。前人经过分析研究曾得到过这样的结论,就是两个隐含层的网络可以获得任意要求的判决边界以实现分类。然而经验表明,对于小型网络问题,两个隐含层并不比一个隐含层更优越。因此,目前人们通常认为一个隐含层就足够了。虽然,增加隐含层的层数可以进一步降低误差、提高精度,但同时也会使网络复杂化,增加了网络权值的训练时间。实际上,误差精度的提高也可以通过增加隐含层中的神经元数目来获取,其训练效果往往比增加层数更容易观察和调整。

因此,为简化网络并降低训练网络权值的时间,根据以上基本指导原则,本书将盘式制动器摩擦学性能智能预测网络模型的隐含层数设置为一层,即网络结构定为三层,包括一个输入层、一个隐含层和一个输出层,其基本结构如图 4-2 所示。

2. 隐含层神经单元数

当用神经网络实现映射时,确定隐含层神经元数是至关重要的,神经元个数过少或过多都可能会导致神经网络的学习能力不够或归纳能力下降。隐含层神经元数目较少时,网络每次学习时间较短,但有可能因网络映射容量不够而使网络不能很好学习,从而导致权值疲于来回调整而无法达到全局最小,网络训练精度也不高。当隐含层神经元数目较多时,学习能力增强,但网络每次所需的学习时间相应增长,网络所需的存储容量也随之变大,更不利的是可能导致过度匹配,即网络记忆了训练样本里一些并非是整个样本集本质的特征。在评估这种过度匹配的网络性能时,如果输入的是训练样本,性能将十分理想。然而,当输入网络未曾见过的非训练样本时,性能将会变得很差。这是因为增加隐含层神经元数虽然改善了网络与训练集匹配的精确度,但同时也降低了网络的泛化能力,即缺乏对非训练样本的适应性。因此隐含层神经元数目应慎重选择,使其尽量兼顾各方面的影响。

隐含层神经元数目与输入层和输出层神经单元个数有直接的关系,但目前对于隐含层神经元数目的选取尚缺少统一而完整的理论指导,即没有很好的解析式来表示。一般在实际设计中,隐含层神经元数的选择原则是:在能正确反映输入、输出关系的基础上尽可能选取较少的神经元数,从而使网络尽量简单。一般做法是先设置较少的神经元对网络进行训练,并测试网络的逼近误差,然后逐渐增加神经元数,直至测试的误差不再明显减小。基于以上考虑,本书在构建盘式制动器摩擦学性能智能预测模型时,隐含层神经元的个数选择将通过仿真试验来讨论选择。

4.3.2 输入和输出层

基于 BP 算法的神经网络中各层神经元数的选择对网络的性能影响很大,所以层内神经元数要进行恰当的选择。一般来说,一个多层网络需要多少隐含层,每层需要多少单元,这要由网络的用途决定,但这并非是唯一确定的,大多数还是以经验为依据。根据图 4-2 的盘式制动器摩擦学性能智能预测模型结构示意图,将盘式制动器的制动工况参数(包括制度初速度、制动压力、温度)作为神经网络的输入层,以盘式制动器的摩擦学性能参数(包括摩擦因数、摩擦因数稳定系数、磨损率)作为神经网络的输出层,即输入层和输出层的神经单元数均为 3 个,各层之间实行全连接。

4.3.3 初始权值和阈值

BP 网络学习的第一步就是网络的初始化,训练 BP 网络时对权值和阈值进行合适的初始化是非常重要的。初始化不当可能使训练时间增长,尤其是如果初始权值相等,则可能使误差曲面陷于局部最小。由于系统是非线性的,初始值大小对学习能否达到局部最小、能否收敛以及训练时间长短都有很大的关系。如果初始值太大,使得加权后的输入落在传递函数的饱和区,会导致其导数 $f'(x)$ 非常小,而在计算权值修正时,因为 δ 正比于 $f'(x)$,当 $f'(x) \to 0$ 时,则有 $\delta \to 0$,使得 $\Delta W \to 0$,从而使得调节过程几乎停顿下来。因此,一般总是希望经过初始加权后,每个神经元的输出值都接近 0,这样可保证每个神经元的权值都能够在它们 S 型传递函数的变化最大处进行调节。

基于以上基本思想,本书在构建盘式制动器摩擦学性能智能预测模型时,对权值和阈值采取随机赋值方式,为避免局部极值问题,需要选取多组初始权值,通过仿真试验选用最好的一组。

4.3.4　学习方法

标准的 BP 算法易陷入局部最小并且训练时间较长,为提高网络学习速率和可靠性,本书采用基于数值优化的 Levenberg-Marquardt 快速算法,网络的权值和阈值向量 $\boldsymbol{X}$ 按以下迭代公式进行修正

$$\boldsymbol{X}(k+1) = \boldsymbol{X}(k) - \eta(k)\,(\boldsymbol{H}(k)+\lambda(k)\boldsymbol{I})^{-1}\boldsymbol{J}^{\mathrm{T}}\boldsymbol{E} \tag{4-8}$$

式中,η 为学习速率,$0<\eta<1$;λ 为适应系数;$\boldsymbol{I}$ 为单位矩阵;$\boldsymbol{E}$ 为误差性能函数矩阵,$\boldsymbol{H}$ 为网络误差函数对权值和阈值的二阶导数 Hessian 矩阵。

$$\boldsymbol{H} = \frac{\partial \boldsymbol{E}^2}{\partial x_i \partial x_j} \tag{4-9}$$

前向网络 Hessian 矩阵的计算较复杂且占用较大存储空间,可通过包含误差性能函数一阶导数且易于计算的 Jacobian 矩阵近似计算

$$\boldsymbol{H} = \boldsymbol{J}^{\mathrm{T}}\boldsymbol{J} \tag{4-10}$$

$$\boldsymbol{J} = \frac{\partial \boldsymbol{E}}{\partial x} \tag{4-11}$$

由式(4-8)可见,该算法实际上是梯度下降法与牛顿法的结合,初始时 λ 取值很大,相当于步长很小的梯度下降法,随着最优点的接近,λ 减小至零,转为快速而精度高的牛顿算法。当所有 N 组学习样本的总均方差小于给定值 ε 时,网络学习结束。

$$e = \frac{1}{2N}\sum_{k=1}^{N}\left[Y(k) - Y(\boldsymbol{W},k)\right]^2 \leqslant \varepsilon \tag{4-12}$$

4.3.5　传递函数

传递函数的作用在于限制神经网络运行的动态范围,BP 神经网络之所以有很强的非线性映射能力,其原因就在于采用非线性传递函数。如果输入被控制在合适的范围内,那么输出的分辨将是很容易的。假如没有这种限制,大多数输入数据都会产生极端的输出,因此很难将输出分类。Sigmoid(S 型)传递函数用得最为广泛,它是可微函数,导数比较容易计算,常用的有对数 S 型传递函数和双曲正切 S 型传递函数。当输入改变时,输出也连续地改变,和真正的神经元有较大的相似性,因此非常适合利用 BP 训练的神经元。

本书在构建盘式制动器摩擦学性能智能预测模型时,隐含层选择双曲正切 S 型传递函数,输出层选择线性激励传递函数,其函数曲线分别如图 4-3 和图 4-4 所示。输出层不采用 S 型函数的原因在于,采用 S 型传递函数会将网络输出限制在一个较小的范围内,而采用线性激励传递函数可使得网络输出取任意值。

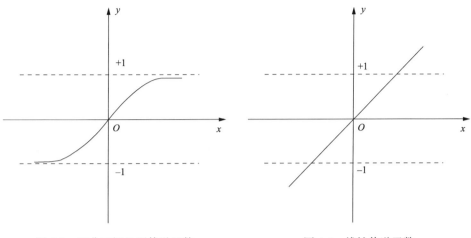

图 4-3　双曲正切 S 型传递函数　　　　图 4-4　线性传递函数

4.3.6　学习率

学习率 η 控制网络学习过程中网络权值变化的幅度大小,运用 BP 算法时需要选择合适的学习率。学习率如果选取太小,会使得学习时间很长,找到极小点或"逃离"局部最小的可能性会很小,收敛过程太慢,不过能保证网络的误差值不跳出误差表面的低谷而最终趋于最小误差值。反之,学习率若太大,则达到全局最小的可能性大,但有可能使网络的权值来回振荡,而不能达到合适的值,学习过程可能出现修正过度的情况,导致系统不稳定。因此,对于学习率只能先试选,然后根据训练情况来确定一个合适的取值。基于以上考虑,在构建盘式制动器摩擦学性能智能预测模型时,学习率的选取将通过仿真试验来讨论确定。

4.3.7　网络训练次数

在训练次数问题上,人们容易产生一个认识上的误区,即认为训练误差越小越好。于是一直训练到误差再也不能减小时才停止,以为这时一切都是最佳的。实际上,训练误差随训练次数的增加单调下降至某一渐近线,而测试误差曲线开始时也是单调下降,但超过一定的训练次数后,测试误差基本保持不变或反倒上升。然而,测试集是将来应用时所遇到的各种实际模式的一般性代表,因此上述现象的出现,显然是不可取的。网络应提取的是训练集中的共性(统计规律),而不是每个训练样本各自的特性,训练过度容易导致过度匹配现象。学习各样本的个体特征是相当费时的,而各样本的共性反而可能很快学到,这就是为什么网络的测试误差达到最小后,随着训练次数的增大反而恶化的原因。因此,本书的做法是:通过仿真试验实时监视训练和测试误差曲线,训练次数选取在测试误差刚开始变大处。

4.3.8　再学习机制

当学习完成后,神经网络应该就即具备了对盘式制动器摩擦学性能的智能预测功能。然而,事物发展永无止境,网络还需要具备再学习能力。随着制动技术的发展,新型的摩擦材料和制动器结构可能会不断出现,而盘式制动器的制动工况条件也会经常有所改变。由于原有网络在学习时并不包含这部分新知识,所以预测结果将不能满足新情况的要求,需要学习新的样本,进行再学习。再学习的目的是产生一组新的网络参数,即执行修正权值的算法,产生新的权值分布和阈值。方法是把实际输入和期望输出作为一个新的样本,重新训练相应的 BP 子网络,仍采用 BP 算法进行再学习,直到网络学会为止,由此知识库中的知识将可以得到不断补充。

在本书构建的盘式制动器摩擦学性能智能预测模型中,输入量是盘式制动器的制动工况参数,包括制动初速度、制动压力和温度,输出量是盘式制动器的摩擦学性能参数,包括摩擦因数、摩擦因数稳定系数和磨损率。在网络再学习过程中,根据输入可得到网络输出,如果输出不满意可以舍弃,即当网络计算和推理出的结果与实际不符合或没有达到精度要求时,则可以舍弃不用。假如输出值满足要求,符合实际,就可以将其存入盘式制动器制动工况和摩擦学性能参数的知识库中,丰富样本库。盘式制动器摩擦学性能智能预测模型的再学习过程示意图如图 4-5 所示。

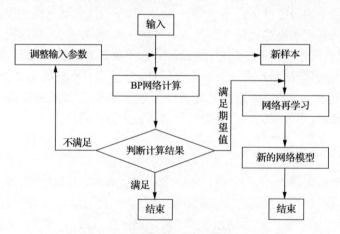

图 4-5　智能预测模型的再学习过程

当盘式制动器制动系统发生改变时,原来的网络结构将不能满足要求,需要重新构建神经网络结构,重新对神经网络进行训练,获得新的权值和阈值。为此,可将针对不同制动系统构建的神经网络集成在一起,把每个神经网络模型作为一个子网络。如果隐含层数和隐含单元数足够的话,假定新制动系统的输出为 N,则网络结构的输出层增加了 N 个神经元。输入层各单元也可能依据一定的方法重新划分,输入神经元数目因此发生变化,同时隐含层的神经元数目也相应地进行调整,从而可以确定扩充后的神经网络结构。输入、输出模式的改变会导致学习样本向量的改变,因此应重新生成新的样本向量,再对新的神经网络进行训练,从而得到新的网络权值和阈值数据。神经网络的再学习过程本质是:舍弃不符合要求的样本,增加符合实际的样本。再学习是神经网络不断自我完善的过程,同时也是不断扩大的过程。盘式制动器采用新的制动结构、新的制动材料都可以产生相应的新神经网络模型,通过再学习把这些网络集合在一起,从而形成功能强大的智能预测模型。

参 考 文 献

[1] 王万良. 人工智能导论[M]. 北京:高等教育出版社,2011.

[2] 蔡自兴,徐光祐. 人工智能及其应用[M]. 北京:清华大学出版社,2010.

[3] 张妮,徐文尚,王文文. 人工智能技术发展及应用研究综述[J]. 煤矿机械,2009,30(2):4-7.

[4] 夏定纯,徐涛. 人工智能技术与方法[M]. 武汉:华中科技大学出版社,2009.

[5] 朱福喜,杜友福,夏定纯. 人工智能引论[M]. 武汉:武汉大学出版社,2006.

[6] 邢传鼎,杨家明,任庆生. 人工智能原理及应用[M]. 上海:东华大学出版社,2005.

[7] 尚福华,李军,王梅,等. 人工智能及其应用[M]. 北京:石油工业出版社,2005.

[8] 罗兵,李华嵩,李敬民. 人工智能原理及应用[M]. 北京:机械工业出版社,2001.

[9] 马玉书. 人工智能及其应用[M]. 山东:石油大学出版社,1998.

[10] 刘国衡,杨德仁. 人工智能原理及应用[M]. 成都:成都科技大学,1989.

[11] 董长虹. 神经网络与应用[M]. 北京:国防工业出版社,2005.

[12] 胡伍生. 神经网络理论及其工程应用[M]. 北京:测绘出版社,2006.

[13] 朱名铨. 神经网络原理及其应用[M]. 北京:国防工业出版社,1995.

[14] 张良均,曹晶,蒋世忠. 神经网络实用教程[M]. 北京:机械工业出版社,2008.

[15] 魏海坤. 神经网络结构设计的理论与方法[M]. 北京:国防工业出版社,2005.

[16] 李丽霞,王彤,范逢曦. BP 神经网络设计探讨[J]. 现代预防医学,2005,32(2):128-130.

[17] 刘正林. 摩擦学原理[M]. 北京:高等教育出版社. 2009.

[18] 温诗铸. 世纪回顾与展望——摩擦学研究的发展趋势[J]. 机械工程学报,2000,36(6):1-6.

[19] 葛世荣,朱华. 摩擦学复杂系统及其问题的量化研究方法[J]. 摩擦学学报,2002,22(5):405-408.

[20] 谢友柏. 摩擦学系统的系统理论研究和建模[J]. 摩擦学学报,2010,30(1):1-8.

[21] 何毅斌,徐建生,顾卡丽,等. BP 网络在摩擦学系统建模和预测应用中的研究[J]. 润滑与密封,2002,(5):26-29.

[22] Huang S, Tan K K. Intelligent friction modeling and compensation using neural network approximations[J]. IEEE Transactions on Industrial Electronics,2012,59(8):3342-3349.

[23] Kemal C M, Masayoshi T. Modeling and compensation of friction uncertainties in motion control: A neural network based approach[C]//Proceedings of the American Control Conference,Seattle:IEEE Press,1995:3269-3272.

[24] 刘佐民. 摩擦学理论与设计[M]. 武汉:武汉理工大学出版社. 2009.

[25] 徐建生,赵源,李健. 摩擦学系统条件转化研究[J]. 摩擦学学报,2002,22(1):58-61.

[26] 涂益明,张柯柯. 基于人工神经网络的锌基合金熔化焊 HAZ 摩擦学性能预测[J]. 兰州理工大学学报,2005,31(2):21-23.

[27] 徐建生，赵源，高万振. 摩擦学系统结构寻优模型研究[J]. 润滑与密封，2001，(3)：11-13.

[28] 徐建生，潘天堂，顾卡丽. 基于神经网络泛函数的摩擦学系统转化模型研究[J]. 中国机械工程，2005，16(8)：731-733.

[29] 李兵，杨圣崇，曲波，等. 汽车摩擦材料现状与发展趋势[J]. 材料导报. 2012，(S1)：348-350.

[30] 韩野. 陶瓷纤维摩擦材料的制备及摩擦机制研究[D]. 青岛：中国海洋大学，2008.

[31] 员荣平. 制动摩擦材料的性能评价、环境友好性和摩擦机理研究[D]. 北京：北京化工大学，2010.

[32] 柳丽娜. 摩阻材料智能设计系统的开发[D]. 福州：福州大学，2003.

[33] 邱冠周，王海东，黄圣山. 人工智能在材料设计中的应用[J]. 中国有色金属学报，1998，8(2)：836-840.

[34] 王发辉. 混杂纤维增强陶瓷基摩擦材料及其性能研究[D]. 南昌：南昌大学，2012.

[35] 朱铁宏. 无石棉混杂纤维摩阻材料的智能摩擦学设计[D]. 福州：福州大学，2002.

[36] 员荣平，蔡黎明，齐士成，等. 制动摩擦材料的摩擦性能评价[J]. 徐州工程学院学报，2012，27(2)：25-29.

[37] 伍朝阳，刘伯威，刘咏，等. 基于神经网络的树脂基摩擦材料摩擦因数的预测模型[J]. 粉末冶金材料与工程，2006，11(5)：272-276.

[38] Fu H，Fu L，Zhang G L，et al. Computer aided optimum design of friction materials using uniform design[C]. 2nd International Conference on Computational Intelligence and Natural Computing，2010：IEEE Press，174-177.

[39] 韩俊华，吴其胜. 人工神经网络在摩擦材料制备中的应用[J]. 材料科学与工程学报，2011，29(5)：786-789.

[40] 潘天堂，樊瑞军. 神经网络法开发摩擦数据库系统[J]. 现代管理技术，2008，35(1)：64-66.

[41] Fan Y. Network and artificial intelligent[C]//Proceedings of 3rd International Conference on Advanced Computer Theory and Engineering，Seattle：IEEE Press，2010：229-231.

[42] Bao J S，Tong M M，Zhu Z C，et al. Intelligent tribological forecasting model and system for disc brake [C]//Proceedings of 24th Chinese Control and Decision Conference，Seattle：IEEE Press，2012：3870-3874.

[43] 潘天堂，徐建生，顾卡丽. 基于RBF径向基神经网络的摩擦学模型[J]. 材料保护，2004，37(7)：120-122.

[44] Jones S P，Jansen R，Fusaro R L. Preliminary investigation of neural network techniques to predict tribological properties[J]. Tribology Transactions，1997，40(2)：312-320.

[45] Genel K，Kurnaz S C，Durman M. Modeling of tribological properties of alumina fiber reinforced zinc-aluminum composites using artificial neural network[J]. Materials Science and Engineering，2003，363 (1-2)：203-210.

[46] Durak E，Salman O，Kurbanolu C. Analysis of effects of oil additive into friction coefficient variations on journal bearing using artificial neural network[J]. Industrial Lubrication and Tribology，2008，60(6)：309-316.

[47] 王进野，毕训银，李英建，等. 基于神经网络的提升机衬垫摩擦因数的模糊综合评判[J]. 山东科技大学学报(自然科学版)，2006，25(3)：85-87.

[48] 刘军，汪冰. 神经网络技术在摩擦中的应用[J]. 机械设计与制造，2005，(12)：74-75.

[49] 徐建生，赵源. BP神经网络在摩擦学设计计算中的应用[J]. 机械设计，2000，(10)：16-19.

[50] 梁华，杨明忠，陆培德. 用人工神经网络预测摩擦学系统磨损趋势[J]. 摩擦学学报，1996，16(3)：

267-271.

[51] Grigoriev A Y. Condition monitoring of lubricated friction pair by morphology of wear debris using the neural network [J]. Journal of Friction and Wear, 1997, 18(2): 51-54.

[52] 周敬勇, 黄菊花, 杨国泰, 等. 基于神经网络的板料拉深成形摩擦因数预测[J]. 南昌大学学报工科版, 2005, 27(1): 9-11.

[53] 郝高杰. 神经网络在超音速等离子喷涂涂层摩擦学分析中的应用[D]. 赣州: 江西理工大学, 2012.

[54] 赵军, 官英平, 郑祖伟, 等. 基于神经网络的材料性能参数和摩擦因数的实时识[J]. 塑性工程学报, 2001, 8(2): 36-39.

[55] 邱明, 张永振, 朱均. 铝基复合材料高速干摩擦行为的遗传神经网络预测模型[J]. 摩擦学学报, 2005, 25(6): 545-548.

[56] 盛晨兴, 程俊, 李文明, 等. 基于遗传算法改进的 BP 神经网络模型的磨损机制智能识别[J]. 润滑与密封, 2014, 39(1): 24-28.

[57] Bao J S, Zhu Z C, Tong M M, et al. Intelligent predictions on frictional properties of non-asbestos brake shoe for mine hoister based on ANN model [C]//Proceedings of the 2nd International Conference on Intelligent Control and Information Processing(ICICIP 2011), Harbin, IEEE, 2011: 708-712.

[58] Bao J S, Tong M M, Zhu Z C, et al. Intelligent tribological forecasting model and system for disc brake [C]//Proceeding of the 24th Chinese Control and Decision Conference(2012 CCDC), Taiyuan, IEEE, 2012: 3887-3891.

[59] 阴妍. 基于 BP 神经网络的磨料水射流切割工艺参数智能选择研究[D]. 徐州: 中国矿业大学, 2005.

[60] 阴妍, 鲍久圣, 段雄. 基于神经网络的磨料水射流切割工艺参数智能选择[J]. 煤矿机械, 2007, 28(6): 98-100.

[61] Yin Y, Bao J S, Yang L. Wear performance and its online monitoring of the semimetal brake lining for automobiles[J]. Industrial Lubrication and Tribology, 2014, 66(3): 100-105.

[62] Yin Y, Bao J S, Yang L. Tribological properties prediction of brake lining for automobiles based on BP neural network [C]//Proceedings of the 22nd Chinese Control and Decision Conference(2010 CCDC), Xuzhou, IEEE, 2010: 2678-2682.

第5章　盘式制动器摩擦学性能智能预测模型

鉴于 BP 神经网络的突出优点和广泛应用,在第 4 章提出了基于 BP 神经网络构建盘式制动器摩擦学性能智能预测的一般方法。在确定选用 BP 网络后,需要选择网络的层数、每层的神经元数、初始权值和阈值、学习方法、数值修改频度、神经元变换函数及参数、学习率等网络结构参数,从而建立神经网络模型。目前,有些网络参数的选择有一些指导原则,但更多的是靠经验和试凑,特别是要借助于仿真试验来确定。为此,本章将在第 4 章提出的盘式制动器摩擦学性能智能预测方法的理论基础上,进一步利用 MATLAB 作为仿真工具,研究神经网络结构及参数对智能模型预测能力的影响,并将基于第 3 章开展盘式制动器摩擦学性能试验得到的数据样本,构建摩擦学性能智能预测模型,最后还将通过智能预测试验来检验模型的预测能力。

5.1　盘式制动器摩擦学性能数据处理

5.1.1　数据矩阵化

为了给神经网络提供样本,首先将第 3 章开展盘式制动器摩擦学试验得到的原始试验数据[1,2]提取成两个矩阵向量:B 和 T,其中,B 矩阵是 3×97 的制动工况输入矩阵,共包含 97 个样本,3 个列向量从左往右分别为盘式制动器的三个制动工况参数温度、制动压力、制动初速度;T 矩阵为 2×97 的摩擦学性能输出矩阵,同样包含 97 个样本。2 个向量分别为盘式制动器的两个主要摩擦学性能参数:摩擦因数和磨损率。这里需要说明的是,预测模型的原定输出量有三个,除了摩擦因数和磨损率,还有一个输出量是摩擦因数稳定系数,但由于摩擦因数稳定系数在试验测量计算时人为误差较大[3,4],将其引入神经网络会严重削弱预测模型对摩擦因数和磨损率的预测能力,并且在实际应用中摩擦因数稳定系数也并不多见,因此本书在实际建模时并没有将摩擦因数稳定系数作为预测模型的输出向量。

在确定了预测模型的输入和输出向量后,接着将原始数据分离提取构成新的输入矩阵 B 和输出矩阵 T,如下所示。

B=[100 1 15; 100 1.4 15; 100 1.8 15; 100 2.2 15; 100 2.6 15; 100 3.0 15; 150 1 15; 150 1.4 15; 150 1.8 15; 150 2.2 15; 150 2.6 15; 150 3.0 15; 200 1 15; 200 1.4 15; 200 1.8 15; 200 2.2 15; 200 2.6 15; 200 3.0 15; 250 1 15; 250 1.4

15；250 1.8 15；250 2.2 15；250 2.6 15；250 3.0 15；300 1 15；300 1.4 15；300 1.8 15；300 2.2 15；300 2.6 15；300 3.0 15；350 1 15；350 1.4 15；350 1.8 15；350 2.2 15；350 2.6 15；350 3.0 15；100 1.8 5；150 1.8 5；200 1.8 5；250 1.8 5；300 1.8 5；350 1.8 5；100 1.8 10；150 1.8 10；200 1.8 10；250 1.8 10；300 1.8 10；350 1.8 10；100 1.8 15；150 1.8 15；200 1.8 15；250 1.8 15；300 1.8 15；350 1.8 15；100 1.8 20；150 1.8 20；200 1.8 20；250 1.8 20；300 1.8 20；350 1.8 20；100 1.8 25；150 1.8 25；200 1.8 25；250 1.8 25；300 1.8 25；350 1.8 25；100 1.8 30；150 1.8 30；200 1.8 30；250 1.8 30；300 1.8 30；350 1.8 30；200 1 5；200 1 10；200 1 20；200 1 25；200 1 30；200 1.4 5；200 1.4 10；200 1.4 20；200 1.4 25；200 1.4 30；200 2.2 5；200 2.2 10；200 2.2 20；200 2.2 25；200 2.2 30；200 2.6 5；200 2.6 10；200 2.6 20；200 2.6 25；200 2.6 30；200 3 5；200 3 10；200 3 20；200 3 25；200 3 30]

$T=$[0.481 0.276；0.474 0.135；0.402 0.138；0.396 0.309；0.379 0.329；0.309 0.480；0.544 0.214；0.506 0.205；0.461 0.290；0.435 0.336；0.379 0.229；0.334 0.450；0.486 0.267；0.538 0.320；0.504 0.385；0.435 0.340；0.392 0.296；0.359 0.382；0.428 0.436；0.491 0.433；0.486 0.469；0.351 0.490；0.327 0.643；0.332 0.573；0.357 0.589；0.307 0.725；0.337 0.624；0.182 0.627；0.130 0.538；0.230 0.988；0.255 1.166；0.196 0.737；0.201 1.161；0.199 1.373；0.131 1.246；0.157 1.348；0.470 0.119；0.523 0.119；0.608 0.196；0.542 0.330；0.469 0.416；0.154 1.232；0.411 0.122；0.432 0.134；0.458 0.191；0.440 0.322；0.347 0.592；0.156 1.399；0.402 0.138；0.461 0.290；0.504 0.385；0.486 0.469；0.337 0.624；0.201 1.161；0.375 0.287；0.402 0.360；0.418 0.444；0.385 0.521；0.325 0.401；0.210 1.613；0.399 0.491；0.444 0.600；0.407 0.634；0.359 0.823；0.293 1.117；0.277 2.128；0.485 0.578；0.470 0.744；0.408 0.725；0.402 1.166；0.434 3.510；0.399 5.833；0.690 0.273；0.592 0.357；0.523 0.555；0.461 0.724；0.493 0.855；0.657 0.211；0.530 0.421；0.462 0.566；0.424 0.755；0.457 0.870；0.601 0.288；0.457 0.416；0.412 0.883；0.393 0.879；0.364 0.906；0.565 0.327；0.423 0.508；0.348 0.964；0.363 1.037；0.278 1.222；0.459 0.185；0.386 0.458；0.330 0.981；0.319 1.479；0.257 2.010]

　　在数据提取时一定要将输入向量和输出向量一一对应,即 **B** 矩阵的第 n 行与 **T** 矩阵的第 n 行对应的数据必须要和试验原始数据中的对应关系完全相符,且不可出现错行的情况,否则将直接影响到最终的训练结果。此外,矩阵的列与列之间必须用一个空格隔开,一行结束后由一个分号标记。

5.1.2 样本归一化

从原始试验数据提取出来的样本需要经过归一化处理才能投入使用,否则在编程时将会导致编译错误。归一化是将输入、输出向量的取值都控制在 0～1,本书采用下面的方法进行归一化[5,6]

$$X^* = \frac{X - X_{\min}}{X_{\max} - X_{\min}} \tag{5-1}$$

式中,X 为样本真实值,X^* 为归一化后的值;$X_{\max}$ 为真实值里的最大值;$X_{\min}$ 为真实值里的最小值。

归一化处理在 MATLAB 中可使用下面的程序代码进行循环实现,通过两组 for 循环分别实现对 B 矩阵和 T 矩阵的归一化。关于 MATLAB 的语法和编程方法可参考相关书籍,这里不再赘述。

```
for i = 1:3
    b(i,:) = (B(i,:) - min(B(i,:)))/(max(B(i,:)) - min(B(i,:)));
end
for i = 1:2
    t(i,:) = (T(i,:) - min(T(i,:)))/(max(T(i,:)) - min(T(i,:)));
end
```

在上述程序代码中,max( )和 min( )函数可以提取矩阵中每一列的最大值和最小值。归一化的规则是按列进行的,例如,B 向量为三列(三个输入向量),循环开始时 $i=1$,即只对第一列纵向的所有温度值进行归一化,依次类推。

经归一化处理后,各输入向量值与原始试验数据之间的对应关系如表 5-1 所示。从表中可以看出,经过归一化处理,各输入向量的取值都均匀分布在 0～1,构成了神经网络可用的数据样本。

表 5-1　输入向量归一化值与原始数据值的对应关系表

温度		制动压力		制动初速度	
原始值/℃	归一化值	原始值/MPa	归一化值	原始值/(m/s)	归一化值
100	0	1.0	0	5	0
150	0.2	1.4	0.2	10	0.2
200	0.4	1.8	0.4	15	0.4
250	0.6	2.2	0.6	20	0.6
300	0.8	2.6	0.8	25	0.8
350	1	3.0	1	30	1

输出向量为摩擦因数和磨损率,其原始数据值变化复杂,尽管如此,归一化后最终仍然会分布在 0～1,可为神经网络所用。由于数据量较大,为了节省篇幅,这里对于 T 向量的归一化结果就不再列举了。

事实上,在进行神经网络的整个建模设计过程当中,并不需要知道样本归一化后的具体值是多少。前提是在进行数据提取的过程当中,必须保证数据的正确性,即确保输入与输出的对应关系。在运行归一化之后将被处理过的样本赋值给另一个矩阵变量即可。例如,本书中提取的原始数据样本名为 B 和 T 矩阵,在循环归一化过程中将归一化后的值分别赋给 b 和 t 矩阵,而并不关心 b 和 t 矩阵的具体值是多少,只需要明确这两个新的矩阵 b 和 t 的每一个向量都是分布在 0～1 即可。当确立了样本数据之后,接下来就可以开始神经网络的实际建模工作了。数据样本的质量将直接影响到神经网络建模的成败,因此在开始网络建模之前,一定要确保数据样本的正确性和质量。

5.1.3　样本划分

将经过数据提取后的样本 B 和 T 分别分成两组,一组为训练样本 B_{train} 和 T_{train},另一组为监测样本 B_{test} 和 T_{test}。其中,训练样本的输入向量和输出向量分别为 3×73 和 2×73 的矩阵,输入和输出一一对应,共 73 个样本。检验样本的输入向量和输出向量分别为 3×24 和 2×24 的矩阵,共 24 个样本。

5.2　盘式制动器摩擦学性能智能预测模型建模与仿真

5.2.1　仿真程序设计

在应用 BP 网络解决实际问题的过程中,选择多少层网络、每层多少个神经元节点、选择何种传递函数、何种训练算法等,均无可行的理论指导,只能通过大量的试验计算获得,这无形中增加了研究工作量和编程计算工作量。在目前工程计算领域较为流行的软件 MATLAB 中,提供了一个现成的神经网络工具箱(neural network toolbox,NNT),为解决这个矛盾提供了便利条件[7～9]。

为了确定智能预测模型的网络结构与参数,利用 MATLAB 编制应用程序对神经网络进行仿真研究,程序框图如图 5-1 所示。设定误差 $e < 0.002$,最大训练次数是 3000 次,程序跳出循环的条件是训练已达到了误差要求,或虽未达到误差要求但已达到了最大学习次数[10]。

图 5-1　智能预测模型网络结构及参数仿真程序框图

5.2.2　网络建模与参数仿真

1. 隐层选取与网络初始化

BP 网络的初始权值和阈值在默认状态下是随机获得的,对网络的训练性能和训练所能达到的精度有很大影响。相同的网络,相同的训练样本,相同的训练函数,前后两次训练后得出的结果就有可能相差很大,这就是 BP 网络的所谓不稳定性。MATLAB 当中提供了一些初始化函数供使用,然而究竟该方法能否让一个特定的网络达到最好的性能并不确定,如果在建模初期就固定用一种初始化函数,有可能自始至终都不能得到一个性能优越的网络。这是因为决定一个网络最终性能的因素很多,例如,网络映射的特性和训练样本的相关联性等,对于不同的网络都有极大的差异。此外,关于网络隐层节点数的选取目前还没有一个结论性的方案,诸多的参考公式也只是根据经验而总结出来的。因此,最终确定一个合适的隐层节点数仍然需要通过反复测试和结果分析。

综合以上所提到的诸多因素,将使用统计多次循环测试结果的方法来进行分析,即采用随机初始化网络,选用固定的训练样本和训练函数,测试并记录隐层节点数分别为 9、10、11、12、13、14、15、16、17、18、19、20 时的训练结果,然后对参数取平均值,最终分析相关指标综合确定一个最佳的隐层节点数。

2. 网络建模

在 MATLAB 中创建一个三层 BP 神经网络的代码如下

```
net = newff(minmax(p_train),[s(i),2],{'tansig','logsig'},'trainlm');
```

该函数用于创建一个三层 BP 网络,即一个输入层,一个隐含层,一个输出层。其中 minmax( )函数限定网络输入的最大和最小值即为训练样本 **B**_train 矩阵中的最大最小值;[s(i),2]中的 s(i)代表隐层节点数,这里用变量表示是为了为下一步进行循环测试做好准备,2 代表输出层节点数,分别是摩擦因数和磨损率;{'tansig','logsig'}中的 tansig 代表隐层传递函数,logsig 代表输出层传递函数;'trainlm' 代表这里选用的训练函数为 trainlm,这是 MATLAB 默认的训练函数,对中小型网络是最好的一种训练方式,这里暂时选用该函数作为循环测试的训练函数;学习函数未列出,选用系统默认的 learngdm 函数。

3. 网络循环测试

学习速率一般取 0.01~0.7,学习速率太大会导致网络过度收敛和振荡现象的出现;太小则使得收敛变慢,学习时间变长。这里由于训练样本较多,而且循环测试的目的是考察网络最佳的隐层节点数,并不要求收敛的精度很高,更不希望过度收敛的出现,所以学习速率初取较小值 0.01。以下给出了作为循环测试的部分MATLAB 代码。

```
s = 9:20;
res = 1:12;
for i = 1:12
net = newff(minmax(p_train),[s(i),2],{'tansig','logsig'},'trainlm');
net = init(net);                    %结束上一个训练后随机初始化网络
net.trainparam.epochs = 3000;       %最大训练次数 3000 次
net.trainparam.goal = 0.001;        %网络目标精度 0.001
LP.lr = 0.01;                       %学习速率 0.01
```

```
net = train(net,b_train,t_train);        %训练网络
y = sim(net,b_test);                      %网络利用测试样本进行仿真输出
error = y-t_test;                         %构建误差向量
res(i) = norm(error)                      %输出网络仿真的误差
end
```

4. 循环测试结果分析

采用以上程序代码进行循环测试,得到的网络仿真误差、训练次数和收敛精度分别如表 5-2、表 5-3 和表 5-4 所示。网络仿真的误差是一个很重要的指标,直接关系到预测的精度。从表 5-2 最后一栏中的平均值可以清楚地看出,隐层节点取9、10、15 时的仿真误差比较小,因此这三个节点数可以作为首选。当隐层节点数大于 15 后,仿真误差突然变大,而且具体分析不同测试次数下的误差大小可以发现变化很剧烈,忽大忽小,网络变得十分不稳定。按照上面的思路分析隐层节点为9、10、15 时的结果,可以看出网络仿真误差非常均匀,变化很小,可见这三种结构的网络稳定性较好。

表 5-2　网络仿真误差分析表

隐层节点数	测试次数					平均值
	1	2	3	4	5	
9	0.5659	0.5643	0.3891	0.4618	0.5064	0.4975
10	0.4859	0.5902	0.3373	0.5218	0.4062	0.46828
11	0.5743	0.4279	1.2153	0.4425	0.4688	0.62576
12	0.4512	0.6809	0.4857	0.4374	0.9863	0.6083
13	1.1075	0.3518	0.6351	1.2731	2.4023	1.15396
14	0.4611	0.4076	0.5624	1.1713	0.4273	0.60594
15	0.3315	0.697	0.4705	0.4249	0.7521	0.5352
16	0.3933	0.4788	2.4636	2.4019	0.8222	1.31196
17	1.8898	0.3916	1.4459	0.4918	0.804	1.00462
18	2.4071	0.6726	0.3557	0.4875	1.5538	1.09534
19	0.4585	2.4636	0.4105	1.2013	0.3441	0.9756
20	0.5149	1.2767	1.5318	0.8749	1.0696	1.05358

训练次数的大小反映了不同结构网络的收敛速度,如果网络的收敛速度出色,那么在下一步的训练分析中将有望达到更高的精度。通过表 5-3 最后一栏中的平均值可以清楚地看到,隐层为 15 的网络性能最为突出,训练次数远远小于其他的网络,而且很可贵的是该结构的网络表现十分平稳,这说明该网络在下一步的训练分析中一定能够达到更高的精度和更好的性能。在分析仿真误差时表现不错的另

外两个网络隐层节点分别为 9 和 10(表 5-2),但从表 5-3 可以看出隐层节点为 9 时有三次都达到了训练的最大次数 3000 次,而且网络性能不稳定,忽大忽小,这说明隐层节点数为 9 时对于解决本书样本数据的映射问题十分费力。隐层节点数为 10 的网络也表现出同样的问题,只是增加了一个隐层节点数之后,性能略有上升。

表 5-3　网络训练次数分析表

隐层节点数	测试次数					平均值
	1	2	3	4	5	
9	3000	3000	3000	51	53	1820.8
10	22	384	21	3000	226	730.6
11	49	14	3000	43	69	635
12	23	54	13	10	3000	620
13	394	12	15	3000	3000	1284.2
14	14	9	76	3000	46	629
15	10	17	19	13	70	25.8
16	9	12	3000	5	42	613.6
17	2061	8	11	3000	14	1018.8
18	3000	710	45	9	902	933.2
19	10	1	3000	8	8	605.3
20	22	3000	88	2379	2223	1542.4

　　网络收敛精度同网络的训练次数有直接关系,属于间接指标。一般训练次数过大(如达到了 3000 次),那么收敛精度必然不会达到目标精度,然而作为结论性分析该指标仍然能够清晰反映网络的性能。从表 5-4 最后一栏的平均值里可以发现,隐层节点数为 15 的网络仍然保持了良好的性能,其收敛精度远远高于大多数网络,而且收敛精度十分平稳,表现出了很好的综合性能。

表 5-4　网络收敛精度分析表

隐层节点数	测试次数					平均值
	1	2	3	4	5	
9	0.0011	0.0011	0.0022	0.0009	0.0009	0.00124
10	0.0009	0.0009	0.0009	0.001	0.0009	0.00092
11	0.0009	0.0008	0.0094	0.0009	0.0009	0.00258
12	0.0009	0.0009	0.0009	0.0009	0.005	0.00172
13	0.0009	0.0008	0.0009	0.008	0.1393	0.02998
14	0.0009	0.0009	0.0008	0.008	0.0009	0.0023
15	0.0009	0.0009	0.0009	0.0007	0.0009	0.00086

续表

隐层节点数	测试次数					平均值
	1	2	3	4	5	
16	0.0008	0.0009	0.1393	0.1477	0.0009	0.05792
17	0.0009	0.0009	0.0009	0.0084	0.0009	0.0024
18	0.13934	0.0009	0.0009	0.009		0.0302
19	0.0006	0.1477	0.0091	0.0005	0.0008	0.03174
20	0.0007	0.0084	0.0009	0.0084	0.0009	0.00386

通过表 5-2、表 5-3 和表 5-4 对网络仿真误差、训练次数和收敛精度的综合分析,选定隐层节点数为 15 的网络作为下一步分析和测试的最优结构。由以上分析过程可见,单纯分析每次运行的结果很难看出变化的规律,并且很难对网络的综合性能做出公平合理的判断,而通过上述统计和分析的方法就可以清晰而合理的找到一个最优的网络结构进行下一步分析。

5.2.3　训练函数仿真试验

标准的 BP 网络是根据 Widrow-Hof 规则,采用梯度下降算法,反向计算各层系数的增量。在实用中标准 BP 算法存在两个重要问题:收敛速度慢和目标函数存在局部极小,这大大限制了 BP 网络的应用。随着研究人员对 BP 网络的深入研究,许多新的快速有效的算法出现了。

1. MATLAB 神经网络工具箱训练函数简介

MATLAB 以神经网络为基础,包含着大量 BP 网络的作用函数和算法函数,为 BP 网络的仿真研究提供了便利的工具。众多的算法各有各的特点,在不同情况下选用合适的算法可以达到事半功倍的效果。下面列出了 MATLAB 神经网络工具箱包含的几种常见训练函数。

(1) traingd:采用最基本的 BP 算法。反向传播采用的是梯度下降法,按照梯度下降的方向修正各连接权的权值。权值的修正量 $d\boldsymbol{X} = lr \times d(perf)/d\boldsymbol{X}$,其中 d 表示微分(下同),lr 为学习步长,为神经元连接权值,perf 为网络性能函数,默认是平均平方误差 mse。traingd 的收敛速度很慢,学习步长的选择很重要,过大容易振荡,无法收敛到深窄的极小点,过小则容易爬行,或者陷于局部极小。

(2) traingdm:附加动量的梯度下降法。该方法是在反向传播法的基础上,在每一个权值变化上加上一项正比于前次权值变化的值,并根据反向传播来产生新的权值的变化,其公式为 $d\boldsymbol{X} = mc \times d\boldsymbol{X}(prev) + lr \times (1 - mc) \times d(perf)/d\boldsymbol{X}$,prev 表示上一轮学习的参数,mc 为动量项。

以上两种是最原始的 BP 算法。它们确实可以解决多层网络的学习问题,但是收敛速度的过于缓慢阻碍了神经网络的发展。简单的网络用其学习还可以应用,当网络结构比较复杂的时候,学习的时间会很长。

(3) traingda,traingdx:两种自适应学习步长算法。学习步长可以根据误差性能函数进行调节,能够解决标准 BP 算法中学习步长选择不当的问题。自适应学习步长法检查权重的修正值是否真正降低了误差函数。如果确实如此,则说明选取的学习步长有上升的空间,可以对其增加一个量。若不是,那么就应减小学习步长的值。当性能函数 mse(k+1)<mse(k)时,增大步长 lr=lr_inc×lr;当性能函数 mse(k+1)>1.04×mse(k)时,减小步长 lr=lr_inc×lr;当 mse(k+1)位于 mse(k)与1.04mse(k)之间时,步长不变。traingda 和 traingdx 的区别在于 traingdx 是 traingda 的附加动量形式。

(4) trainrp:弹性 BP 算法。这种方法消除偏导数的大小对权值的有害影响,只利用导数的符号表示权更新的方向,而不考虑导数的大小。dX=delta$X$×sign(gX),gX 是梯度,delta$X$ 是权值更新值,会根据 gX 出现的反复和符号的异同进行修正。这种算法具有收敛速度快和占用内存小的优点。

(5) traincgf,traincgp,traincgb,trainscg:四种共轭梯度法。分别采用 Fletcher-Reeves 算法、Polak-Ribiers 算法、Powell-Beale 算法、成比例的共轭梯度算法,这几种方法收敛速度比普通的梯度下降法要快很多。前三种方法都需要线性搜索,存储量的要求依次增大,对收敛速度来讲不同的问题会不同。Trainscg 不需要线性搜索,比前三种方法需要的迭代次数更多,但每次迭代的计算量要小许多。共轭梯度算法的计算代价比较低,在较大规模问题中十分有用。

(6) trainbfg:拟牛顿算法。权值根据 X=X+adX 修改,dX 是搜索方向,a 用来沿着搜索方向最小化性能函数。最初的搜索方向沿着梯度的负方向,再之后的迭代中按照 dX=−1/H×gX 来修改,H 为近似 Hessian 矩阵。Trainbfg 算法需要的迭代次数比较少,但由于要每步都要存储 Hessian 矩阵,所以单步计算量和存储量都很大,适合小型网络。

(7) trainoss:一步割线算法。为共轭梯度法和拟牛顿法的一种折中方法。权值根据 X=X+adX 修正,dX 是搜索方向,a 用来沿着搜索方向最小化性能函数。最初的搜索方向沿着梯度的负方向,再之后的迭代中按照 dX=−gX+Ac X_step+Bc×dg$X$ 来修改,其中 X_step 是前次迭代权值的变化,dg$X$ 是最近一次迭代梯度的变化,Ac 与 Bc 是新的搜索方向的调整参数。由于不需要存储 Hessian 矩阵,trainoss 算法单步需要的计算量和存储量都比 trainbfs 要小,比共轭梯度法略大。

(8) trainlm:Levenberg-Marquardt 优化算法。权值根据 dX=− jXᵀ×E/(jXᵀ× jXᵀ+mu)进行修正,其中 jX 为误差对权值微分的 Jacobian 矩阵,E 为误差向量,mu 为调整量。该方法学习速度很快,但占用内存很大,对于中等规模的网络来说,是最好的一种训练算法。对于大型网络,可以通过置参数 mem-redue 将 Jacobian 矩阵分为几个子矩阵,这样可以减少内存的消耗,但学习时间会增大。

(9) trainbr:贝叶斯规则法。对 Levenberg-Marquardt 算法进行修改,降低了确定最优网络结构的难度。

2. 测试条件及目的

根据前面的分析,本书采用隐层节点数为 15,最大训练次数 10000 次,网络目标误差精度 0.0001,学习速率仍然取 0.01,用相同的训练样本进行训练。设定一个高精度同时加大训练次数是为了将网络在不同训练函数下的最好性能完全挖掘出来,然后挑选一个或几个表现最好的训练函数进行最后一步的建模和实际预测分析。相应的 MATLAB 代码如下:

```
net = newff(minmax(b_train),[15,2],{'tansig','logsig'},'traind');
net. trainparam. epochs = 10000;
net. trainparam. goal = 0.0001;
LP. lr = 0.01;
net = train(net,b_train,t_train);
```

3. 测试结果

如前所述,隐层节点数为 15 的网络结构在循环测试中表现出了很高的稳定性,即相同的训练函数在经过 10000 次训练之后达到的最终结果几乎完全相同,误差极小,可以忽略,同时训练过程中的收敛幅度和速度也基本一致,因而没有采取多次测量取平均值的方法。为了将训练的效果最清楚地展示出来供分析和研究使用,将采用不同训练函数的网络训练过程在图 5-2 中一一列举,并最终将网络的误差精度在表 5-5 中统计出来进行对比。

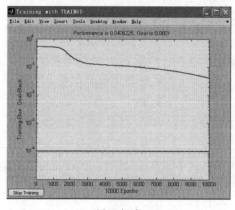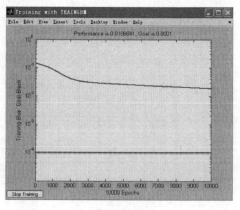

(a) traingd　　　　　　　　　　　　　　　　(b) traingdm

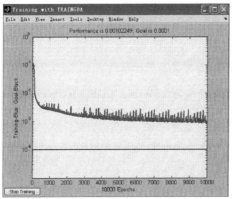

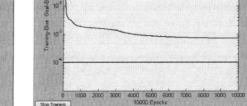

(c) traingda

(d) traingdx

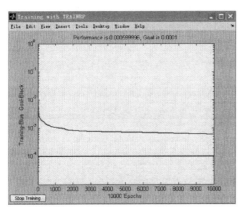

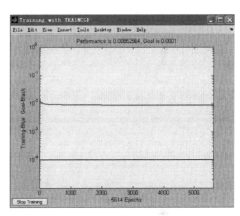

(e) traincgf

(f) traincgp

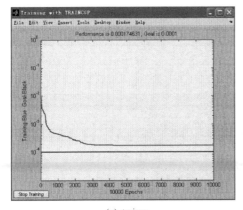

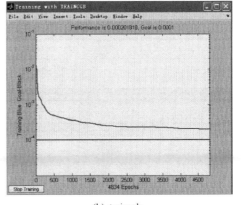

(g) trainrp

(h) traincgb

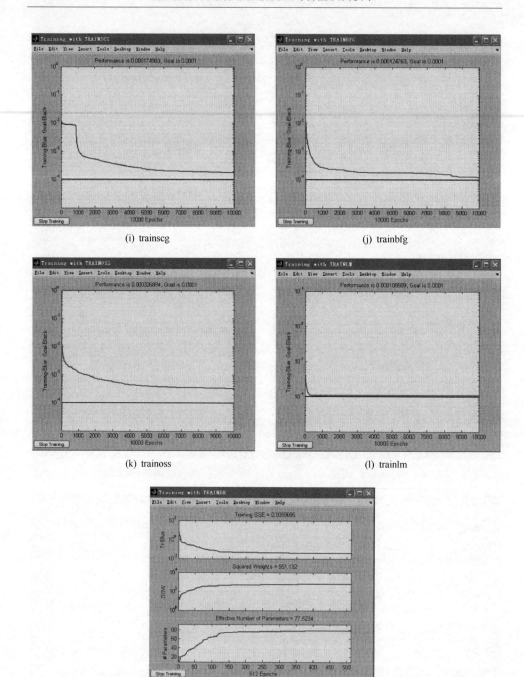

(i) trainscg　　　　　　　　　　(j) trainbfg

(k) trainoss　　　　　　　　　　(l) trainlm

(m) trainbr

图 5-2　采用不同训练函数的网络训练过程

　　图 5-2 中横坐标代表训练的次数,原点为 0 次,横轴最左端为训练结束时的训练总次数;纵坐标为网络的误差精度,原点为目标精度 0.0001,即横轴在图中的直线位置,若网络达到了该精度则与横轴相交。随着训练次数的增加,曲线下降的幅度大小代表了网络的收敛速度,幅度越大,收敛速度也越快。

表 5-5　采用不同训练函数的网络训练结果统计表

训练函数	traingd	traingdm	Traingda	traingdx	traincgf	traincgp
网络误差	0.04062	0.01868	0.00102	0.00069	0.00852	0.00017
训练次数	10000	10000	10000	10000	5614	10000
训练函数	traincgb	trainscg	trainbfg	Trainoss	trainlm	trainbr
网络误差	0.00020	0.00017	0.00012	0.00032	0.00011	0.03596
训练次数	4825	10000	10000	10000	10000	562

　　从图 5-2 所示的训练过程可以清楚地看出不同的训练函数的训练过程、收敛速度以及最终训练效果,而表 5-5 则具体列出了最终的网络误差和训练次数。每种算法都有它相对适应的方面,没有完美的绝对适用的训练算法,因此在建模的过程中需要多次进行试验测试和综合分析,这样才能最终找到一个最适合的网络结构及算法,达到分析问题的目的。如图 5-2 所示,图 5-2(a)和(b)采用 BP 最传统的训练算法,与其他训练图进行对比可以很明显看出,这两种算法收敛速度非常慢,训练时间过长,效果不好。此外,明显可见图 5-2(f)的训练效果也很不理想。结合训练过程图和误差分析表格可以看出图 5-2(l)所示的 trainlm 函数的收敛速度最快,在训练次数大约为 400 次的时候已经收敛到了极小值附近。这充分验证了之前在测试网络隐层节点数时的预测,网络收敛性能极好,完全达到了所期望的网络误差精度。图 5-2(m)所示的 trainbr 函数的训练次数最少,但网络误差似乎大了一些。

　　这里需要特别指出一点,就是 BP 神经网络的泛化能力。在前文中曾经提到,为了提高网络的适用性,神经网络工具箱提供了两个特性:规则化和早期停止,这里所说的适用性就是指网络的泛化能力(参数)。经过训练后的神经网络,希望对于训练样本类似的模式,也能够很好地应用,且输出的准确率要高,这就表明网络的泛化能力要好。一般提高泛化能力的方法称为正则化,主要分为两种:一种为改进目标函数法,另一种就是自动正则化(trainbr)法。自动正则化法利用 trainlm 算法进行训练,而利用贝叶斯的统计方法来自动决定正则化参数。根据上述分析,本书最终将训练函数锁定在 trainlm 和 trainbr 两种算法上,下面将对两种函数训练后的网络仿真性能进行全面对比,从而确定最终的理想模型。

　　4. trainlm 算法与 trainbr 算法仿真测试

　　衡量一个网络真实性能的好坏有很多方式,为了直接而全面地对比 trainlm

和 trainbr 算法训练后的网络性能,可以直接将两种网络对同一样本的仿真输出绘成图表进行对比分析,事实上这也是最能真实地反映网络预测性能的方法。为此,本书选取了恒速条件下的摩擦因数试验数据,分别经 trainbr 函数和 trainlm 函数训练后,比较网络的预测输出,其比较结果如图 5-3 所示。

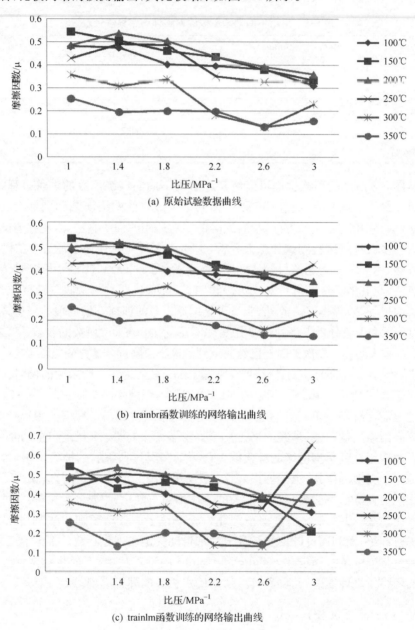

(a) 原始试验数据曲线

(b) trainbr函数训练的网络输出曲线

(c) trainlm函数训练的网络输出曲线

图 5-3　trainbr 和 trainlm 函数训练能力对比图

经过对仿真结果的分析发现,两种网络都表现出了非常好的性能。两种网络整体上差别不大,但是仍然能够看出预测结果在细节上的一些不同。仔细分析发现,trainbr 算法训练后的网络在拟合曲线的整体走向上更加符合试验数据。由于训练过程中网络样本吸收了三个变量各自变化的关联数据,从曲线中可以看出,trainbr 算法在数据拟合的过程更加折中于原始数据的交汇部分,这是本书分析当中希望看到的结果,这点归功为 trainbr 算法的正则化参数调整。尽管 trianlm 函数收敛速度极快,而且达到的网络误差精度完全满足本书的需求,然而由于试验数据本身的局限性,并且考虑到试验当中所隐含的误差,分析的最终目的更加趋向于性能整体的走向变化。相比较而言,trainbr 算法的确略比 trainlm 算法训练后的网络性能好一些,因此最终选用 trainbr 算法训练后的网络作为盘式制动器摩擦学性能智能预测模型。

5.2.4　网络结构参数

经过上文一系列仿真试验和讨论分析,本书最终确定的神经网络结构及参数如表 5-6 所示。

表 5-6　智能预测模型的网络结构参数

网络参数	选择结果
网络属性	BP 神经网络
网络结构	3 层结构(1 输入、1 隐层、1 输出)
输入层节点数	3
隐层节点数	15
输出层节点数	2
隐层传递函数	tansig
输出层传递函数	logsig
训练函数	trainbr
学习函数	learngdm
学习速率	0.01
最大循环次数	10000 次

按照本书最终所确立的 BP 神经网络模型,用相同的训练样本进行多次训练之后的网络性能误差极小,几乎可以忽略不计。虽然本书是针对汽车制动工况建立的盘式制动器摩擦学性能智能预测模型,但对于其他领域类似的摩擦学性能研究,完全可以按照本书提出的模型并按照 5.1 节的样本提取和处理方法在 MATLAB 中建模和训练,训练后的网络理应都可以达到与本书几乎相同的综合预测性能[4~6]。这点本书已经进行了上述相关的试验和分析,并得到验证,这里就不再另行列举说明。

5.3　盘式制动器摩擦学性能智能预测试验

5.3.1　智能预测模型使用方法

1. BP 网络的读取与保存

当一个神经网络被训练好之后可以在 MATLAB 命令窗口中输出"save filename net;"网络会自动保存在安装文件夹下的 work 文件夹,这样就可以在需要的时候读取并使用。使用时在命令窗口中输入"load filename net;",MATLAB 将自动读取相应的网络参数。实际上 MATLAB 保存的神经网络为一种数据格式的文件,保存的内容是神经网络的结构、每一层各个节点的阈值以及权值。当执行上述的读取操作之后,MATLAB 会将保存的神经网络的相关参数导入到工作空间,如图 5-4 所示。

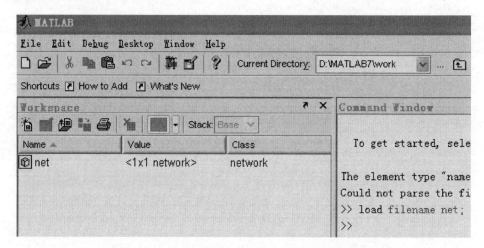

图 5-4　执行读取操作后 MATLAB 界面示意图

2. 网络输出值的反归一化

如果在 MATLAB 环境下运用网络进行预测输出,则使用代码"y=sim(net, b);",其中,b 是规定的输入,在本书中向量个数必须为三个,而且必须是经过归一化之后的输入对应值才可以得到预测的结果,而且此时得到的预测结果是分布在 0 和 1 之间的仿真值,需要经过反归一化,反归一化就是归一化的逆过程,表达式如下:

$$X_N = (X_{max} - X_{min})X_n + X_{min} \tag{5-2}$$

式中，X_N 为期望得到的预测输出值；X_n 为神经网络的输出值；X_{max} 为原始样本数据中输出矩阵的最大值；X_{min} 为原始样本数据中输出矩阵的最小值。

5.3.2　摩擦学性能预测结果分析

　　为了验证建立的盘式制动器摩擦学性能智能预测模型的实际应用效果，利用本书建立的智能预测模型，对不同制动工况下汽车盘式制动器的摩擦因数及磨损率分别进行了预测，并将预测结果与试验结果进行对比分析。为了便于对比分析，将不同工况条件下的摩擦因数和磨损率试验数据绘成图表，然后按照图表中指定的不同条件，将温度、比压、速度等条件输入到建立好的 BP 网络模型中，再将网络预测结果导出到 EXCEL 制作成与实测数据图表相同模式的曲线图，和原始试验数据曲线进行一一对比。为了量化衡量网络的预测性能，再将两个表格数据的相对平均误差通过 EXCEL 的 STDEV 函数计算出来，在每一项对比曲线图的下方另行说明。通过对数据的平均差和整体曲线进行综合分析，来评价本书建立的智能预测模型对于汽车盘式制动器摩擦学性能预测的正确性和实用性。

1. 恒速条件下的预测结果及分析

　　在恒速条件下（15m/s），不同制动工况下盘式制动器摩擦学性能（摩擦因数和磨损率）的试验测试值和模型预测值的对比情况分别如图 5-5 和图 5-6 所示。

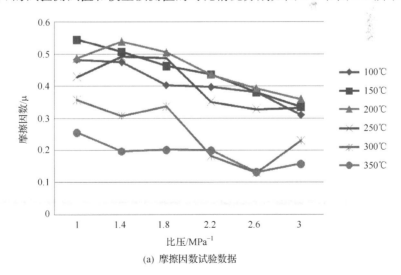

(a) 摩擦因数试验数据

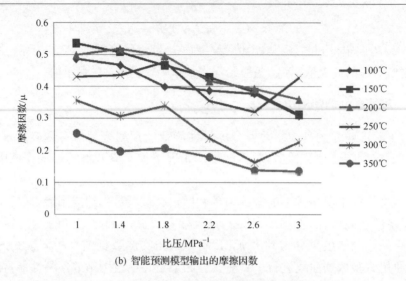

(b) 智能预测模型输出的摩擦因数

图 5-5　恒速条件下的盘式制动器摩擦因数预测结果分析

　　观察图 5-5 的两组曲线可以看出,智能预测模型对恒速工况下摩擦因数曲线的整体变化趋势预测情况与试验测试结果非常吻合。通过 EXCEL 的 STDEV 函数计算试验值和预测值的相对平均误差为 0.11738,相对误差值在 15% 以内,可以认为智能模型对恒速工况下摩擦因数的预测结果具有较高实用性。

　　通过 EXCEL 的 STDEV 函数计算图 5-6 的预测值和试验值的相对平均误差为 1.004859,误差值很大,不可以作为数值预测。但是观察图 5-6 的两组曲线可以看出,智能预测模型对恒速工况下磨损率曲线的整体变化趋势的预测情况与试验

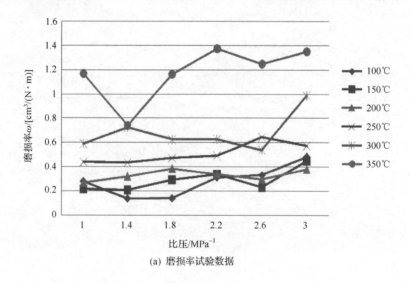

(a) 磨损率试验数据

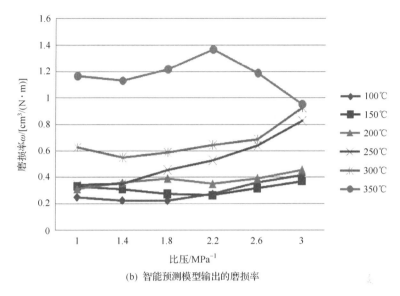

(b) 智能预测模型输出的磨损率

图 5-6　恒速条件下的制动器刹车片磨损率预测结果分析

测试结果还比较吻合。误差大的原因在于个别点的误差较大，导致预测曲线的部分走向与试验曲线出现较大差别，从而增大了相对平均误差。

2. 恒温条件下的预测结果及分析

在恒温条件下（200℃），不同制动工况下盘式制动器摩擦学性能（摩擦因数和磨损率）的试验测试值和模型预测值的对比情况分别如图 5-7 和图 5-8 所示。

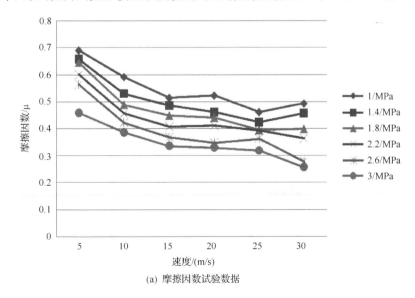

(a) 摩擦因数试验数据

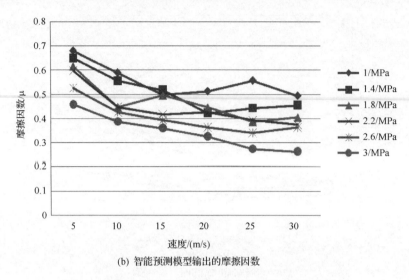

(b) 智能预测模型输出的摩擦因数

图 5-7　恒温条件下的盘式制动器摩擦因数预测结果分析

　　观察图 5-7 所示的两组曲线可以看出,曲线的整体趋势非常吻合。通过 EXCEL 的 STDEV 函数计算两个表格数据的相对平均误差为 0.100991,相对误差值在 15% 以内,可以作为数值预测。

　　通过 EXCEL 的 STDEV 函数计算两个表格数据的相对平均误差为 0.418452。误差值很大,不可以作为数值预测。但是观察两组曲线可以看出,曲线的整体趋势与试验曲线基本吻合。相对平均误差较大的原因在于个别点的误差较大,导致了预测曲线的部分走向与试验曲线出现较大差别。

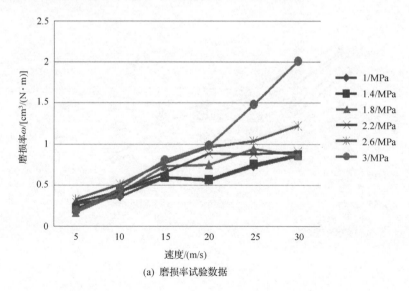

(a) 磨损率试验数据

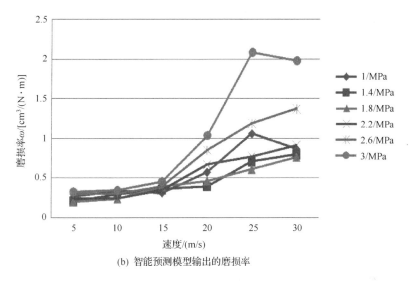

(b) 智能预测模型输出的磨损率

图 5-8　恒速条件下的制动器刹车片磨损率预测结果分析

3. 恒压条件下的预测结果及分析

在恒压条件下（1.8MPa），不同制动工况下盘式制动器摩擦学性能（摩擦因数和磨损率）的试验测试值和模型预测值的对比情况分别如图 5-9 和图 5-10 所示。

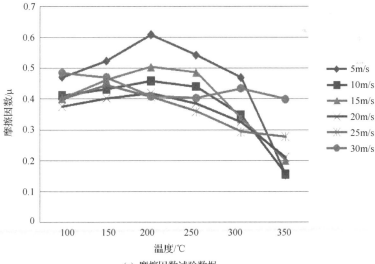

(a) 摩擦因数试验数据

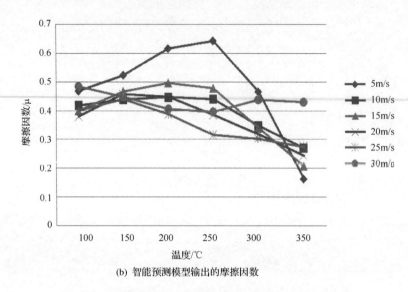

(b) 智能预测模型输出的摩擦因数

图 5-9　恒压条件下的盘式制动器摩擦因数预测结果分析

观察图 5-9 的两组曲线可以看出，摩擦因数曲线的整体变化趋势非常吻合。通过 EXCEL 的 STDEV 函数计算两个表格数据的相对平均误差为 0.101037，相对误差值在 15％以内，可以作为数值预测。

通过 EXCEL 的 STDEV 函数计算两个表格数据的相对平均误差为 1.004859，误差值很大，不可以作为数值预测。但是观察图 5-10 的两组曲线可以看出，曲线的整体趋势与试验曲线非常吻合，然而数值上的误差比较大。

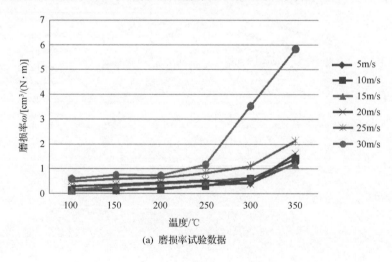

(a) 磨损率试验数据

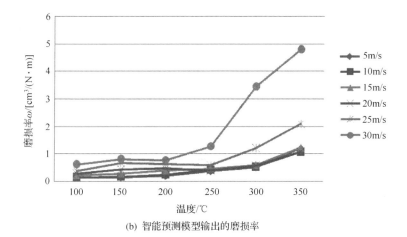

(b) 智能预测模型输出的磨损率

图 5-10 恒压条件下的制动器刹车片磨损率预测结果分析

5.3.3 预测误差分析

为了进一步量化分析智能预测模型对不同制动工况下盘式制动器摩擦学性能的预测效果,分别计算了不同工况下的平均预测误差,并将其列于表 5-7 中。

表 5-7 智能预测模型的平均预测误差分析表

制动工况条件	恒速	恒温	恒压	平均值
摩擦因数均差	0.11738	0.100991	0.101037	0.106469
磨损率均差	0.332832	0.418452	1.004859	0.585381

由表 5-7 中的平均值一栏可以看出摩擦因数均差平均值为 0.106,小于 15%,可以认为其具有很高的数值预测能力,同时曲线走向与试验数据曲线良好吻合。由此可见,本书建立的智能预测模型可以非常有效地对盘式制动器摩擦因数进行整体预测和量化分析。磨损率的均差平均值为 0.585,误差较大,因而不推荐作为实际的数值分析使用,然而整体曲线图表现良好。这里需要特别说明,由于磨损率的试验过程当中受试验条件和手段的影响较为敏感,而且本书中的试验方式综合了三个变量的多种试验条件下的对应关系,数据本身相关联的非线性关系是比较模糊的。在原始数据中有测试条件交错的情况,测得的摩擦因数和磨损率是稍有偏差的,这是与实际的测试手段和环境因素综合相关的。神经网络在拟合的过程当中会综合这些非线性的关系,这点是人为很难实现的,但是这种多重非线性关系的拟合过程同时会导致一个必然的结果,就是部分的预测输出值与理想相差较大。优点是能够综合多重非线性关系,融合试验过程当中的少数偏差大的点,最终将整体的趋势较为折中地展现出来。

众所周知,影响盘式制动器摩擦学性能的因素很多,并且其影响规律是高度非线性的,因此人们更应该关注的是制动工况条件对摩擦学性能的影响规律而非具体数值,而本书建立的神经网络模型基本上都较为正确地反映了不同工况条件对摩擦因数和磨损率的影响趋势。因此,本书的研究工作表明,运用神经网络技术对盘式制动器摩擦学性能进行预测具有相当的可行性和实用价值。

5.3.4　摩擦学性能变化趋势预测

由于试验条件的限制,任何摩擦学试验都不可能覆盖所有可能的工况参数及其取值范围。利用神经网络建立的盘式制动器摩擦学性能智能预测模型却可以实现在实用范围内的任意输入到输出的预测,从而为摩擦磨损规律的研究提供了无限的可能性,从一定程度上解决了试验条件的局限性,节省了大量的时间和工作量,为研究摩擦学问题提供了更多便利。

图 5-11 是根据神经网络预测数据绘制的盘式制动器摩擦学性能整体走向图,在这里仅是作为实例说明神经网络对没有经过训练的数据进行预测的输出结果。事实上,对未经过训练的数据进行预测才是本书最终要实现的目的,然而对未经过训练的数据进行预测的可靠性和可行性是建立在本书对所有已知数据进行检验的基础之上的。

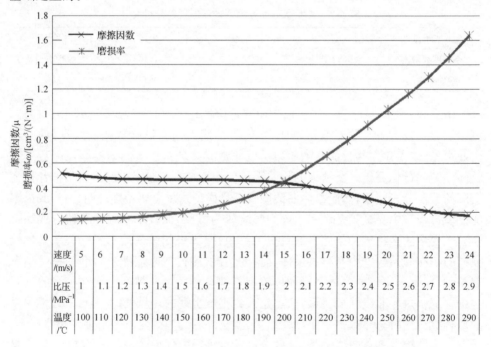

图 5-11　盘式制动器摩擦学性能随制动工况参数的等幅增长预测曲线

从图 5-11 所示的曲线可以看出,随着假设的速度、温度、比压的等幅度增长,摩擦因数整体变化较为平缓,在速度为 18m/s、比压为 2.3MPa^{-1}、温度为 230℃的条件附近达到了最大的下降率,在此之前一直保持良好的摩擦因数稳定性。同时,刹车片材料的磨损率上升非常快,从曲线可以看出随着三个输入变量的增大,磨损率曲线上升很快,并且曲线的增长率是不断变大的。

参 考 文 献

[1] Yin Y, Bao J S, Yang L. Frictional performance of semimetal brake lining for automobiles[J]. Industrial Lubrication and Tribology, 2012, 64(1), 33-38.

[2] Yin Y, Bao J S, Yang L. Wear performance and its online monitoring of the semimetal brake lining for automobiles[J]. Industrial Lubrication and Tribology, 2014, 66(3): 100-105.

[3] Yin Y, Bao J S, Yang L. Tribological properties prediction of brake lining for automobiles based on BP neural network [C]//Proceedings of the 22nd Chinese Control and Decision Conference(2010 CCDC), Xuzhou, IEEE, 2010: 2678-2682.

[4] Bao J S, Zhu Z C, Tong M M, et al. Intelligent predictions on frictional properties of non-asbestos brake shoe for mine hoister based on ANN model[C]//Proceedings of the 2nd International Conference on Intelligent Control and Information Processing(ICICIP 2011), Harbin, IEEE, 2011: 708-712.

[5] 阴妍, 鲍久圣, 段雄. 基于神经网络的磨料水射流切割工艺参数智能选择[J]. 煤矿机械, 2007, 28(6): 98-100.

[6] Bao J S, Tong M M, Zhu Z C, et al. Intelligent tribological forecasting model and system for disc brake [C]//Proceeding of the 24th Chinese Control and Decision Conference(2012 CCDC), Taiyuan, IEEE, 2012: 3887-3891.

[7] 康耀红. 神经网络模型及其 MATLAB 仿真程序设计[M]. 北京: 清华大学出版社, 2005.

[8] 思科技产品研发中心. 神经网络理论与 MATLAB 7 实现[M]. 北京: 电子工业出版社, 2005.

[9] 王南兰, 潘湘高. Matlab/NNTool 在神经网络系统仿真中的应用[J]. 中国机械工程, 21(4): 125-129.

[10] 阴妍. 基于 BP 神经网络的磨料水射流切割工艺参数智能选择研究[D]. 徐州: 中国矿业大学, 2005.

第 6 章　盘式制动器摩擦学性能智能预测系统

在第 5 章,基于 BP 神经网络用 MATLAB 构建了盘式制动器摩擦学性能智能预测模型,实现了对盘式制动器摩擦学性能的智能预测功能,但在上述研究过程中发现,BP 神经网络在 MATLAB 环境下的实际运用流程非常麻烦,而且数据的输入和输出操作烦琐、效率很低,难以实现大规模数据的预测和结果分析。MATLAB 虽然是一种非常好的学习、研究和分析特定问题可行性的工程计算软件,但由于其没有良好的人机交互界面,所以一般不能直接作为最终的软件端口使用[1]。为此,本书综合了多方面的考虑,在本章采用基于 ActiveX 的 VB 与 MATLAB 混合编程方法,编写了盘式制动器摩擦学性能智能预测软件系统,该软件系统基于 Windows 操作系统平台,能够能使运用神经网络对盘式制动器摩擦学性能的智能预测过程变得十分简单、易于操作,并且也使得预测结果更加清晰明了。在此基础上,为了使研究结果能够应用于实际制动系统,进一步基于汽车制动系统实际构造,设计汽车盘式制动器摩擦学性能在线监测预警系统。

6.1　VB 与 MATLAB 混合编程

Visual Basic(VB)是一种易学易用的编程语言,由于其执行速度相对较快,界面友好,所以在很多工程领域得到应用。MATLAB 具有极强的数学处理能力,而VB 在图形用户界面开发极具优势,因此若将两者的优势结合起来,取长补短,就可以提高软件的高效性与实用性[2,3]。

6.1.1　混合编程方法

VB 与 MATLAB 混合编程方法较多,主要有借助 ActiveX 自动化、利用动态数据交换(dynamic data exchange,DDE)技术、利用组件对象模型(component object module,COM)技术、采用动态链接库 DLL 方法、通过 M 文件、引入 MatrixVB 等。这几种方法都能有效地进行 VB 与 MATLAB 的混合编程,但有各自的优缺点,其中,ActiveX 技术和 DDE 技术相对简单,但不能脱离 MATLAB 环境;MatrixVB 效率低,不能进行实时运算;动态链接库 DLL 方法运行速度最快,但较难掌握;COM 生成器生成的组件比 MatrixVB 小得多,但有较强的灵活性[4~7]。

本书利用 VB 编写 MATLAB 环境下的盘式制动器摩擦学性能智能预测软件

系统,其主要目的在于希望方便制动摩擦数据的导入、仿真输出和数据导出等相关研究工作。结合混合编程方法和本书的设计目的,最终采用 ActiveX 自动化技术实现 VB 与 MATLAB 之间的交互。ActiveX 自动化是 ActiveX 的一个协议,它允许应用程序或组件控制另一个应用程序或组件的运行,包括自动化服务器或控制器。MATLAB 可以作为自动化服务器,可以由其他应用程序编程驱动。MATLAB 支持 COM 技术,它提供了一个自动化对象,其外部名称是 MATLAB. Application,其他程序通过 COM 技术提供的函数得到自动化对象支持的接口指针,通过调用接口函数便可控制和使用自动化对象了,利用这一特性用户可以非常方便地在应用程序中调用 MATLAB 命令,向 MATLAB 输入数据,使用 MATLAB 功能丰富的工具箱,完成所需要的设计,获取数据图形结果。

6.1.2　VB 环境下的 ActiveX 调用

在 VB 应用程序中创建了 MATLAB 的 ActiveX 对象以后,就可以使用这个对象所包含的各种函数来调用 MATLAB。MATLAB. Application 是 MATLAB 在注册表中注册的对象名,其主要包含 5 个函数:Exceute 函数、GetFullMatrix 函数、PutFullMatrix 函数、Maximize Command Window 函数和 Minimize Command Window 函数。Exceute 函数执行时将调用 MATLAB 执行一条 MATLAB 命令,同时返回一个命令执行结果;GetFullMatrix 函数执行时将 MATLAB 中的一个矩阵变量赋值到 VB 应用程序的一个数组中;PutFullMatrix 函数执行时将 VB 应用程序中的一个数组传送到 MATLAB 的一个矩阵变量中;Maximize Command Window 函数执行时将使 MATLAB 命令窗口变大;Minimize Command Window 函数执行时将使 MATLAB 命令窗口变小。

6.1.3　VB 接口程序设计

首先,要在通用部分定义 MATLAB 实体对象 object,然后定义 VB 通用变量,这些变量必须是双精度数组,一组用于向 MATLAB 导入数据(神经网络输入向量),一组用于 MATLAB 向 VB 返回数值(神经网络输出向量)。从输入到输出则是由 MATLAB 神经网络实现。通用部分的定义代码如下:

```
Dim MATLAB As Object
Dim a(2) As Double
Dim x(1) As Double
Dim y(2) As Double
Dim z(1) As Double
```

然后,在 VB 窗体创建一个命令按钮 Command1,用以激活由输入到输出的预测,事件为 Command1_Click()。限于篇幅,这里仅给出调用 MATLAB 的核心程序部分：

```
Set MATLAB = CreateObject("MATLAB.Application")
'创建 MATLAB 的 ActiveX 对象
MATLAB.Execute ("p=[0 1;0 1;0 1]")
'标定 MATLAB 中的输入向量为 0 到 1 之间的三维向量
MATLAB.Execute ("load filename net")
'在 MATLAB 中加载已经训练好的神经网络
a(0) = (a1 - min1) / (max1 - min1)
a(1) = (a2 - min2) / (max2 - min2)
a(2) = (a3 - min3) / (max3 - min3)
'对 VB 输入的数据进行归一化
Call MATLAB.PutFullMatrix("p", "base", a(), y())
'向 MATLAB 导入数组,a( )为输入,y( )为空,因为这里不需要虚部
MATLAB.Execute ("t=sim(net,p)")
'在 MATLAB 中进行仿真
Call MATLAB.GetFullMatrix("t", "base", x(), z())
'MATLAB 向 VB 返回神经网络仿真后的预测输出值
Text4 = Format(x(0) * (max4 - min4) + min4, "0.000")
Text5 = Format(x(1) * (max5 - min5) + min5, "0.000")
'在 VB 中将输出进行反归一化
```

至此,VB 与 MATLAB 的接口部分实现完毕。其中归一化处理中的 max1、max2、max3、min1、min2、min3 分别是在 MATLAB 神经网络训练时温度、制动压力、制度初速度的最大值和最小值,在第 5 章的 5.1.2 节曾用到归一化方法,其程序设计如下：

```
b(i,:)=(B(i,:)-min(B(i,:)))/(max(B(i,:))-min(B(i,:)));
end
for i=1:2
t(i,:)=(T(i,:)-min(T(i,:)))/(max(T(i,:))-min(T(i,:)));
end
```

6.2　盘式制动器摩擦学性能智能预测软件系统

确定编写方法后,通过 VB 编写盘式制动器摩擦学性能智能预测软件系统的相应程序,系统的启动界面和系统初始完整界面分别如图 6-1 和图 6-2 所示。

图 6-1　软件启动界面

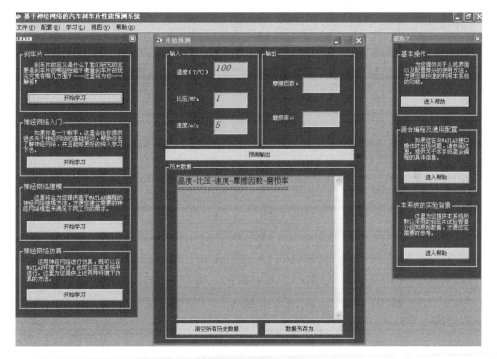

图 6-2　软件初始界面

如图 6-2 所示,盘式制动器摩擦学性能智能预测软件系统共包括四个主要模块,分别是预测模块、学习模块、帮助模块和通用配置模块,各模块的主要功能如下:

（1）预测模块：系统当中最核心的模块，包括了与 MATLAB 接口和向 EXCEL 导入数据两大重要功能，系统启动时处在界面的中央。

（2）学习模块：提供了丰富的有关盘式制动器摩擦学和神经网络的技术资料，适合初学者入门和建立摩擦学预测模型。

（3）帮助模块：提供了与本系统相关的各项说明，包括操作方法、预测系统原理、试验数据说明等。

（4）通用配置模块：重要的独立模块，正确配置后可实现与用户自定义的神经网络之间的无缝通用连接。

6.2.1　预测主界面

1. 界面结构

基于神经网络的盘式制动器摩擦学性能智能预测系统预测主界面共分为三部分：输入、输出和历史数据。各部分的主要功能设计如下：

（1）输入部分用于用户设定制动器的温度、比压、速度等工作条件，输入一栏中的数据初始情况下的默认值为当前配置窗口中设定的最小值。当用户成功改变了配置数值之后，输入窗口中便会默认显示用户设定的相应最小值。

（2）输出部分用于得到神经网络仿真后的预测结果，输出文本框不可编辑。

（3）历史数据起到数据的自动记录和保存的作用，方便数据的存储和进一步分析利用，历史数据文本框可编辑。

除此以外，在预测主界面上还设有三个功能按钮，分别是"预测输出"、"清空所有历史数据" 和"数据另存为"，点击相应的按钮即可实现相应的功能，如图 6-3 所示。

2. 输入和输出功能

按照图 6-3 所示预测界面的提示输入相应的温度、比压和速度，点击"预测输出"按钮，对应工况下的制动摩擦因数和磨损率将在界面右侧的文本框中显示输出，同时在下面的历史数据文本框中显示出来。输入时直接单击相应的输入文本框，或按"Tab"键和回车键在几个输入框之间进行切换。每选中一个输入文本框，文本框内的原有数据就会自动全选，因而直接进行输入即可，不必删除后再输入。推荐使用"Tab"键进行快速切换，方便大量数据的预测输出。

用户在输入数据进行预测之前需要先了解制动工况参数的合理取值范围。例如，本书设定的制动工况参数合理范围为：温度 $100\sim350℃$，制动压力 $1\sim3\text{MPa}$，制动初速度 $5\sim30\text{m/s}$，如果超出该范围会系统会自动提示出错。如果用户发现输入的数据错误，不希望导出，可以选中历史数据文本框中的对应数据手动删除，注意要整行删除，不要空行。如果所有历史数据都不希望导出或要进行新的数据预

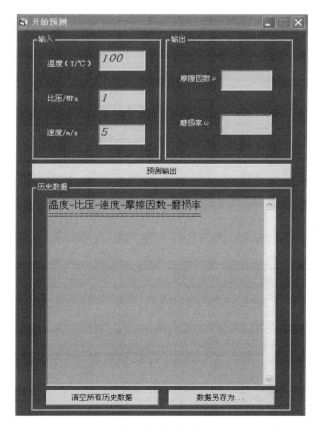

图 6-3　预测主界面

测,单击"清空所有历史数据"即可。需要注意的是预测主界面在首次打开进行第一次预测时会在后台启动对 MATLAB 的调用,因而会延迟 2～3s 后再进行预测,而在第一次预测后则不会有任何延迟,预测输出的响应速度非常快。

3. 数据导出功能

这是一个非常重要的功能,可以将预测的大量历史数据完整地导出,自动生成 EXCEL 表格,然后利用 EXCEL 进行计算和绘图,非常方便实用,节省了大量的时间。操作的方法很简单,前提是先确定历史数据文本框中的数据为需要导出的数据,如果有个别数据不希望导出,可以整行选中并删除,行与行之间不要留有空行。然后单击"数据另存为"按钮,选择要保存的位置,文件类型不可选,直接单击保存即可。

6.2.2　学习模块

盘式制动器摩擦学性能智能预测系统预测的学习模块界面如图 6-4 所示,主要包括以下四部分。

（1）刹车片：介绍汽车刹车片的概念，刹车片摩擦因数以及其他性能指标要求。

（2）神经网络入门：介绍神经网络的概念、优点和应用范围。

（3）神经网络建模：详细说明对于制动器摩擦学性能预测的神经网络建模步骤和方法以及当中的注意事项等。

（4）神经网络仿真：介绍基于 MATLAB 环境下的初步仿真和运用本系统进行仿真两种方法的具体步骤。

6.2.3　帮助模块

盘式制动器摩擦学性能智能预测系统预测的帮助模块界面如图 6-5 所示，帮助模块主要包括以下三个部分。

（1）基本操作：包括预测主界面的输入和数据导出等操作信息。

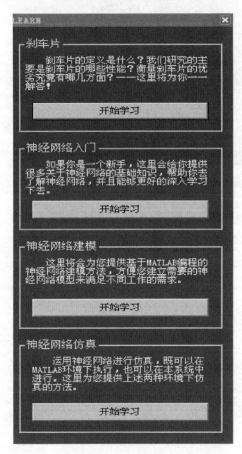

图 6-4　学习模块界面图

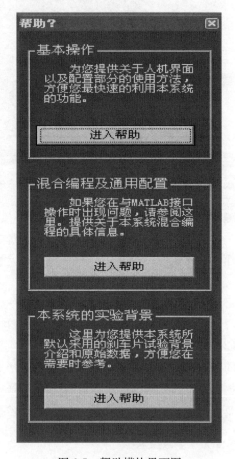

图 6-5　帮助模块界面图

（2）混合编程及通用配置：包括系统采用的混合编程方法，混合编程设计的背景和考虑的因素以及通用配置的设置方法等详细信息。

（3）系统试验背景：提供了关于本书试验的工况条件和背景介绍，并提供了所有试验原始数据。

6.2.4　通用配置模块

此项功能用于实现本系统与用户自定义神经网络的通用接口和无缝连接，单击"配置/打开配置窗口"就可以打开通用配置窗口，如图 6-6 所示。窗口左侧为五个相关量的设定，右侧文本框为帮助文档，用以说明配置窗口相应的设置方法。当确认输入的配置数据之后单击"确定"，配置窗口关闭，并且将配置的数据自动保存。这时如果再次打开配置窗口进行设定而发生配置错误时，单击"取消"，则配置窗口关闭，窗口中的数据自动恢复到上一次确认配置的值。复位按钮用于恢复到默认配置，默认配置的数值如图 6-6 所示，人机界面每次关闭之后配置窗口的数据将会恢复到设定的默认值。

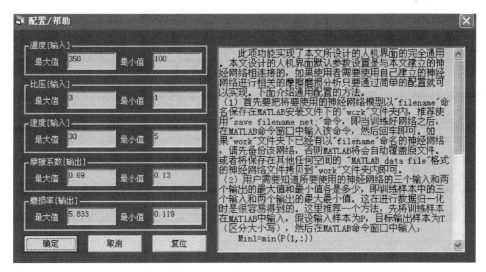

图 6-6　通用配置窗口

此项功能用于实现本书所设计人机界面的完全通用。本书设计的人机界面默认参数设置是与本书建立的神经网络相连接的，如果使用者需要使用自己建立的神经网络进行相关的摩擦磨损分析，只要通过简单的配置就可以实现。下面介绍通用配置的设置使用方法。

（1）首先把将要使用的神经网络模型以"filename"命名保存在 MATLAB 安装文件下的"work"文件夹内，推荐使用"save filename net;"命令，即当训练好网络之后，在 MATLAB 命令窗口中输入该命令，然后回车即可。如果"work"文件夹下已经有以"filename"命名的神经网络,请先备份该网络,否则 MATLAB 将会自动覆盖原文件;或者将保存在其他任何空间的"MATLAB data file"格式的神经网络文件拷贝到"work"文件夹内即可。

(2) 用户需要知道所要使用的神经网络的三个输入和两个输出的最大值和最小值各是多少,即训练样本中的三个输入和两个输出的最大最小值。这在进行数据归一化时是很容易得到的。这里推荐一个方法,先将训练样本在 MATLAB 中输入,假设输入样本为 B,目标输出样本为 T(区分大小写),然后在 MATLAB 命令窗口中输入

```
Min1 = min(B(1,:))
Min2 = min(B(2,:))
Min3 = min(B(3,:))
Max1 = max(B(1,:))
Max2 = max(B(2,:))
Max3 = max(B(3,:))
Min4 = min(T(1,:))
Min5 = min(T(2,:))
Max4 = max(T(1,:))
Max5 = max(T(2,:))
```

每输入一条命令按回车键即可得到相应的最大最小值,然后打开人机界面,单击配置/帮助窗口,在相应的文本框中输入相应的值,单击"确定"即可。如果原训练样本某个输入或输出的值已经分布在 0 到 1 之间,样本处理时该量直接使用而未初始化,那么只要在人机界面的配置窗口中将该量对应的最大最小值分别设为 1 和 0。

(3) 这时人机界面的输入窗口会自动显示刚才输入的三个最小值,用户就可以方便地使用人机界面了。

6.3　盘式制动器摩擦学性能在线监测预警系统

上文基于盘式制动器摩擦学性能试验数据样本,利用神经网络技术实现了对盘式制动器摩擦学性能的智能预测,并基于 VB 与 MATLAB 混合编程开发了较为实用的软件系统,但以上工作还都只能在实验室和计算机上实现。为了使研究结果能够应用于实际的制动系统,本书进一步基于汽车制动系统实际构造,设计了盘式制动器摩擦学性能在线监测预警系统。

6.3.1　系统方案

目前,多数中高档汽车都配备了行车电脑,即电子控制单元(electronic control unit,ECU),它是由输入电路、微处理器和输出电路等三部分组成。输入电路接受

传感器和其他装置输入的信号,对信号进行过滤处理和放大,并将其中包含的模拟信号转换为数字信号,然后传递给微处理器(CPU)处理。计算机则将上述已经预处理过的信号进行运算处理,并将处理数据送至输出电路。除此以外,现有汽车一般都配备了行驶速度和油压传感器,利用汽车自备检测系统采集的车速和油压信号,经过计算转换即可得到盘式制动器的制动压力和制动初速度信号。但是,由于汽车 ECU 配置的 CPU 计算能力较低,不足以支持完成神经网络模型的建立和运行,所以需要另外配备车载计算机来完成数据计算和处理功能。基于以上考虑,设计了盘式制动器摩擦学性能在线监测预警系统,其组成示意图如图 6-7 所示。

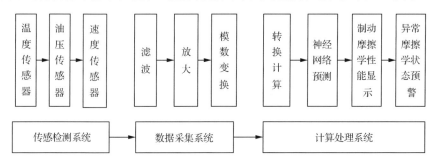

图 6-7　盘式制动器摩擦学性能在线监测系统组成示意图

首先,利用汽车自备车速传感器和油压传感器检测行驶速度和制动油压信号,利用加装的温度传感器检测制动器温度信号;接着,利用汽车 ECU 和数据采集系统对油压、速度和温度信号进行滤波、放大和 A/D 转换处理;最后,利用外接计算机将油压、速度和温度信号转换为制动压力、制动初速度和摩擦面温度信号,将其作为神经网络模型的输入,预测得到该制动工况下的摩擦因数和磨损率,并实时显示;如果预测摩擦因数低于预先设定的正常值,计算机就会报警;计算机还可以将每次制动过程刹车片的磨损率大小进行累计,当达到设定的磨损极限时给出报警信号。

6.3.2　传感检测系统

如前所述,为了实现对盘式制动器摩擦学性能参数的智能预测,需要采集制动器制动工况参数,包括制动压力 p 和制动初速度 v 以及摩擦面温度 T。由于汽车一般都自带行驶速度和制动油压测试系统,所以可以利用汽车采集的车速和油压信号,经过计算转换即可得到盘式制动器的制动压力和制动初速度信号。但由于现有汽车一般都不会配备制动盘温度检测装置,所以摩擦面温度不能直接通过行车检测系统获得,需要在汽车制动装置上加装温度传感器来检测温度信号。

1. 车速传感器

目前,中高档汽车上一般都装有发动机控制、ABS、TRC、自动锁车门、主动式悬架、导向系统、电子仪表等智能化控制装置,这些控制装置都需要检测汽车车速信号,车速传感器便是产生所需要信号的检测装置[8]。车速传感器还可用来检测电控汽车的车速,控制电脑用这个输入信号来控制发动机怠速、自动变速器的变扭器锁止、自动变速器换挡以及发动机冷却风扇的开闭和巡航定速等其他智能控制功能。目前,汽车上常用的车速传感器大多采用电磁感应式传感器,其结构和工作原理如图 6-8 所示。

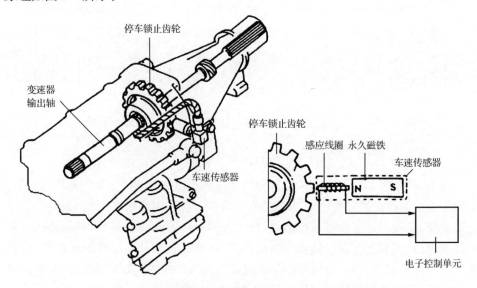

图 6-8　电磁感应式车速传感器安装位置及工作原理示意图

电磁式车速传感器由永久磁铁和感应线圈组成,安装在变速箱的壳体上且与安装在变速箱输出轴上的停车锁止齿轮(或感应转子)相对。当输出轴转动时,停车锁止齿轮切割感应线圈的磁力线使磁通量发生变化,从而产生交流感应电压,车速越高,输出轴转速也越高,感应电压脉冲频率也越高,ECU 根据感应电压脉冲频率的大小计算出车速[9]。

车速传感器一般安装在汽车驱动桥壳或变速器壳内,其信号线通常装在屏蔽的外套内,从而消除有高压电火线及车载电话或其他电子设备产生的电磁及射频干扰,保证电子通信不产生中断,防止造成驾驶性能变差或其他问题。磁电感应式车速传感器制造成本低,结构简单,然而其传感器的信号强弱是与转速相关的。如果转速过低,会造成传感器发出的信号低,则测出的值就会有误差。

利用汽车自带车速传感器检测得到行驶速度信号,按照式(6-1)经过计算转换即可得到盘式制动器的制动初速度 v 信号[10]。

$$v = \frac{R_\mathrm{f}}{3.6 R_\mathrm{t}} v_\mathrm{c} \tag{6-1}$$

式中,R_f 为制动器摩擦半径,即刹车片中心与制动盘中心间的距离,mm;R_t 为汽车轮胎半径,mm;v_c 为汽车行驶速度,km/h。

2. 油压传感器

油压传感器用于带油压助力装置的制动系统油压控制,它可检测出储压器的压力,输出油泵的闭合或断开信号以及油压的异常报警。油压传感器的结构如图 6-9 所示[8],传感器内设有半导体应变片,利用其应变片具有形状变化时电阻也发生变化的特性;另外还设有金属膜片,通过金属膜片应变片检测出压力的变化,并将其转换成电信号后对外输出。汽车油压传感器主要用于 ABS 和助力制动信号检测,因此一般都安装在助力执行器和 ABS 油路部分。

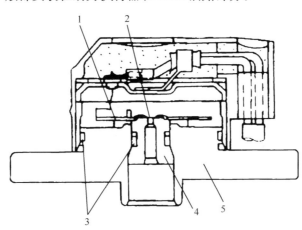

图 6-9　汽车油压传感器结构原理图
1-基片；2-半导体应变片；3-密封圈；4-传感元件；5-壳体

利用汽车自备油压传感器检测得到的制动油压信号,按照下式经过计算转换即可得到盘式制动器的制动压力 p 信号[10]。

$$p = \frac{A_\mathrm{p}}{A_\mathrm{f}} p_\mathrm{b} \tag{6-2}$$

式中,A_p 为制动器活塞面积,m^2;A_f 为刹车片摩擦面的面积,m^2;p_b 为制动油缸压力,MPa。

3. 温度检测

目前,工业测控系统温度检测方法可分为:接触式和非接触式两种测温方法。其中,接触式测温主要用的温度传感器有三种:热电偶、热电阻及半导体集成温度传感器。热电偶的测温范围在-180~2800℃,而热电阻和半导体集成温度传感器的测温范围相对较低[11]。在非接触测温方法中,红外测温仪的使用最为普遍,它通过测量物体所辐射的红外能量来对物体的温度进行测量,传感器包括镜头、滤光片、光电转换器、瞄准激光器和电路处理单元等部分。非接触式测温法一般均在传感器探头和被测物体之间预留间隔,从而导致测温系统性能受到更多因素的影响(如间隔空气介质)。由于汽车行车环境的不确定性,若采用非接触式测温则可能影响测温系统的准确性。例如,汽车在雨天行驶时,其过大的空气湿度及摩擦盘上的雨水会直接造成测温失准。考虑以上因素,本系统采用接触式测温法测量制动盘表面温度。

目前,工业测控系统中用于接触式测温的温度传感器有三种:热电偶、热电阻及半导体集成温度传感器。其中,热电阻测温需要激励电源而且动态响应差,不能瞬时测量温度变化,在检测要求较高的系统中应用较少。半导体集成温度传感器测量范围较窄,一般可在-60~160℃内保持良好的线性度,但其测温范围不能满足盘式制动器摩擦面温度测温需要。热电偶温度传感器作为目前温度测量中使用最普遍的传感元件之一,除了具有结构简单,测量范围宽,准确度高,热惯性小,输出信号为电信号便于远传或信号转换等优点,微型热电偶还可用于快速及动态温度的检测。热电偶工作原理如图 6-10 所示,将两种不同金属导线 A 和 B 连接起来,其两结点之间有温度差,就会产生热电动势,这种现象称为塞贝克效应,或者称为温差热电动势效应,热电偶就是根据这种效应制成的。图中,T_1 称为测温结点,T_2 称为基准结点,E_0 为热电动势,A 和 B 导线称为电极[12]。

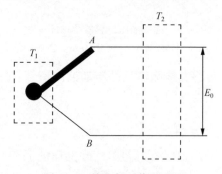

图 6-10　热电偶工作原理图

常见的热电偶有铂铑-铂热电偶、镍铬-镍铝(镍铬-镍硅)热电偶和铜-康铜热电偶。铂铑-铂热电偶用于测量较高的温度,标定在 630.74～1064.43℃ 范围内温标基准。镍铬-镍铝(镍铬-镍硅)热电偶是贵重金属热电偶中最稳定的一种,用途很广,可在 0～1000℃(短时间可在 1300℃)下使用,误差大于 1%,其线性度较好,热电势在相同环境下比铂铑-铂还大 4～5 倍,但这种热电偶不容易做均匀,误差比铂铑-铂大。铜-康铜热电偶用于较低的温度(0～400℃)具有较好的稳定性,尤其是在 0～1000℃ 范围内,误差小于 0.1℃。国际电工委员会(IEC)推荐了 8 种类型的热电偶作为标准化热电偶,即为 T 型、E 型、J 型、K 型、N 型、B 型、R 型和 S 型,如表 6-1 所示。考虑到在汽车连续制动时,制动盘表面的摩擦温升较高,因此从中选取了测温范围较广的 K 型热电偶作为盘式制动器的测温传感器。

　　热电偶在盘式制动器上的安装方式可参照图 1-6 所示的热电偶预置测温法,即将其搭装在制动盘表面上,使热电偶的测温探头接触在制动盘与刹车片的摩擦接触区域附近。

表 6-1　标准热电偶种类及特性参数

适用范围		测量范围/℃	热电势/mV	优点
高温	K	−200～+1200	−5.981(−200℃) +48.828(+1200℃)	工业应用最多 适应氧化环境 线性度好
中温	E	−200～+800	−8.82(−200℃) +61.02(800℃)	热电势大
	J	−200～+750	−7.89(−200℃) +42.28(750℃)	热电势大 适应还原性环境
低温	T	−200～+350	−5.603(−200℃) +17.816(+350℃)	最适用于−200～+100℃ 适应弱氧化性环境
超高温	B	+500～+1700	+1.241(+500℃) +12.426(+1700℃)	
	R	0～+1600	0(0℃) +18.842(+1600℃)	可用到高温 适应氧化性环境
	S	0～+1600	0(0℃) +16.771(+1600℃)	

6.3.3　数据采集系统

　　汽车 ECU 具有对车载速度、油压等传感器信号的采集调理功能,但不足以采集处理本系统所需的所有信号,因此需要另外采用数据采集处理系统。经过比较,本书采用研华 PCI-1711 数据采集卡来采集各制动工况参数监测量。PCI-1711 基于 PCI 总线,符合 PCI2.2 标准,支持即插即用功能,自动设置 I/O 基地址和中断号,具有低成本、易操作、多功能的优势。它支持 2 路模拟输出通道,每路 12 位分辨率,输出范围 0~+5V 和 0~+10V 软件可调,驱动能力 3mA;16 路单端模拟输入,每路 12 位分辨率,最大采样频率为 100kS/s,输入阻抗 2MΩ/5pF,输入范围 ±0.625V 到 ±10V 软件可调;16 路 5V TTL 电平数字输入,最高低电平 0.8V,最低高电平 2.0V;16 路 5V TTL 电平数字输出[13]。本系统需要采集温度、油压及转速信号,故 PCI-1711 完全可满足系统要求。

汽车自备车速传感器和油压传感器的输出信号一般均为标准电压,因此系统中可直接把转速及油压信号接入数据采集卡 PCI-1711 的模拟量输入端口,而加装的测温传感器输出信号经调理电路后,也可接入数据采集卡 PCI-1711,其接线原理示意图如图 6-11 所示。

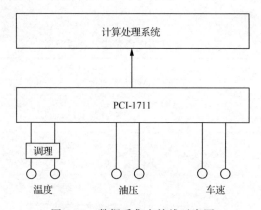

图 6-11　数据采集卡接线示意图

由于热电偶所输出的热电势一般很小,每度只有几十微伏,这个热电势在整个要测的范围内一般是非线性的。热电势是热电偶工作端(热端)相对自由端(冷端)而产生的,因此采用热电偶测量温度在选择或设计测量电路时必须要考虑三件事[14]:

(1) 采用什么样的放大电路;

(2) 非线性误差如何校正;

(3) 冷端如何处理。

有关测温热电偶的放大、线性校正和基准结点补偿等电路设计方面的技术问题可参考文献[14]~文献[19],在此不再赘述。

6.3.4　计算处理系统

计算处理系统主要承担采集信号的转换计算、神经网络预测、制动器摩擦学性能显示及异常摩擦学状态预警等计算处理功能,其主要由外加的车载计算机实现。

车载计算机选择需要考虑行车环境(如路面颠簸、电磁干扰路段),除了计算机的易维护性、散热、防尘等方面,重点要保证其工作可靠性,从而为驾乘人员提供准确无误的监测信息。虽然结合 PCI 总线优越的电性能和欧规卡机械结构产生的CompactPCI 技术在性能上更具有优势,但是居高不下的价位仍然限制了它的广泛应用。目前,基于 ISA 和 PCI 总线的工业计算机是工业控制领域的主流控制器,鉴于此,本系统选用研华 IPC610 工业计算机作为外接的车载计算机。

在软件系统方面,本书之前建立的基于 VB 和 MATLAB 的盘式制动器摩擦学性能智能预测软件是一种离线式的软件系统,其制动工况参数是通过 VB 窗口输入的,而在汽车上实际应用时制动工况参数是通过传感器在线采集输入的,因此不宜采用该软件作为盘式制动器摩擦学性能在线监测预警系统的软件系统。经过调研分析,本书采用 LABVIEW 上位机软件来处理检测系统中大量的复杂运算及建立合适的神经网络模型。相比于传统的 VB 文本化语言编程方式,LABVIEW使用的是图形化的编辑语言 G 语言编写程序,产生的程序是框图的形式,大大增加了编程效率和编程速度。基于 LABVIEW 设计的汽车盘式制动器摩擦学性能在线监测预警系统的上位机界面如图 6-12 所示。

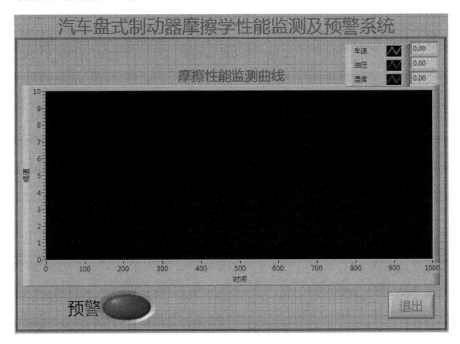

图 6-12　汽车盘式制动器摩擦学性能监测预警系统上位机界面

具体而言,在本系统中 LABVIEW 主要承担与数据采集卡 PCI-1711 进行通信及神经网络预测功能的实现。其中,LABVIEW 与数据采集卡硬件通过 PCI 插槽相连,由于 LABVIEW 自带数据采集卡的驱动程序,设置好数据采集卡的地址后 LABVIEW 便可自动与数据采集卡进行数据交换。

目前,神经网络模型多是在 MATLAB 环境中实现的,因为在这一开发平台上对于神经网络的研究应用历史较长,多种实现技术方法都已相当成熟,特别是当神经网络工具箱出现后,更为在 MATLAB 中研究神经网络的应用提供了方便。本系统中考虑到工控机的性能及运算能力所限,在 LABVIEW 平台上搭建神经网络模型。下面以三层 BP 神经网络为例,给出了利用 LABVIEW 平台搭建神经网络模型的　般步骤[20]。

假设网络训练及测试样本集中有 N 个 (X, Y) 向量,将样本集用向量表示为:输入向量 $\boldsymbol{X}\{x_1, x_2, x_3, \cdots, x_k\}$,输出向量 $\boldsymbol{Y}\{y_1, y_2, y_3, \cdots, y_k\}$,期望输出向量为 $\boldsymbol{T}\{t_1, t_2, t_3, \cdots, t_k\}$。

(1) 网络结构中隐层输入表达式算法的实现。根据标准 BP 神经算法中的相关公式,可得到隐层输入 $\boldsymbol{H}$ 的程序框图如图 6-13 所示。其主要是利用矩阵 $\boldsymbol{A} * \boldsymbol{B}$ 函数来得到权值与输入样本的矩阵乘积,由于涉及矩阵相乘的问题,所以隐层输入权值 $\boldsymbol{W}$ 维数的选择需要根据输入样本 $\boldsymbol{X}$ 来确定。由于输入样本及权值都是二维的,所以还需要由 for 循环控件实现所有样本集与权值矩阵相乘。图中 N 表示循环的次数,i 表示当前循环次数。

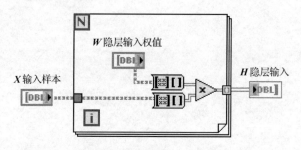

图 6-13　隐层输入程序框图

(2) BP 神经网络隐层输出的图形实现。BP 神经网络隐层输出用到的主要控件都来自数值及基本与特殊函数这两大函数之中,隐层传递函数为 tansig,如图 6-14 所示。

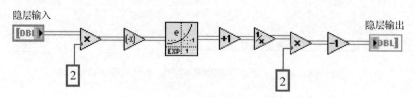

图 6-14　隐层输出程序框图

（3）由于相邻两层之间有太多的类似性，只是传递函数的差异而已，所以网络输出层的输入及输出程序框图大体与图 6-13 和图 6-14 类似。

（4）标准 BP 算法中误差采用了标准 BP 误差，程序实现框图如图 6-15 所示。

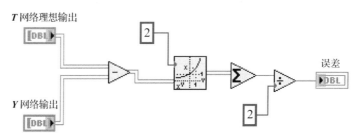

图 6-15　网络误差 E 函数程序框图

（5）权值及阈值调整算法。这里主要用到二维数组转置、矩阵 $A*B$ 及矩阵至数组转换的函数。调用函数→数组→相应三种函数，网络隐层输出权值调整 Δv 以及隐层输入权值调整 $\Delta \omega$ 的程序框图如图 6-16 及图 6-17 所示。这两者都是根据误差的负梯度方向进行调整的。

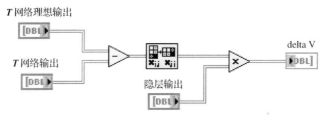

图 6-16　Δv 程序框图

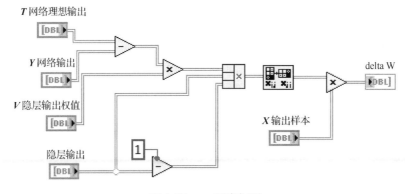

图 6-17　$\Delta \omega$ 程序框图

（6）标准 BP 算法程序框图。由以上各部分组合并配以 for 循环结构的使用，便可以得到完整的标准 BP 学习算法程序框图。整体程序框图如图 6-18 所示。

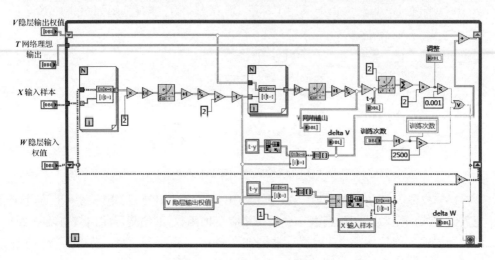

图 6-18　标准 BP 算法程序框图

6.3.5　系统工作流程

盘式制动器摩擦学性能在线监测预警系统的设计目标为：实时监测盘式制动器制动工况参数变化，根据掌握的制动器摩擦学性能变化规律，基于制动器摩擦学性能智能预测模型，实现对盘式制动器摩擦学性能参数的在线监测和异常摩擦学状态的预警功能。盘式制动器摩擦学性能监测预警系统的工作流程如图 6-19 所示[21]，具体过程为：当盘式制动器开始制动后，传感检测系统检测盘式制动器的制动工况参数（包括滑动速度、制动压力、摩擦面温度），数据采集系统对检测信号进行采集、放大、转换并上传给计算处理系统；当全部制动工况参数上传完以后，计算处理系统调用神经网络预测模型，根据制动工况参数预测输出盘式制动器的摩擦学性能参数；摩擦学性能参数的预测结果经软件系统处理后通过显示器实时显示，若判别为异常摩擦学状态，则由车载计算机自动预警。

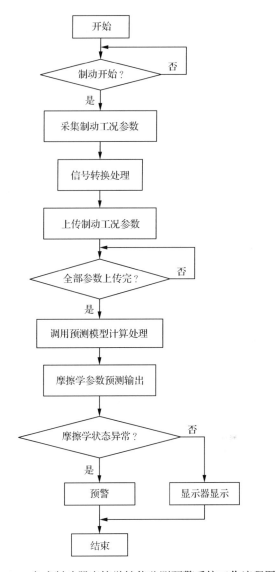

图 6-19　盘式制动器摩擦学性能监测预警系统工作流程图

参 考 文 献

[1] 董长虹. Matlab 接口技术与应用[M]. 北京:国防工业出版社，2004.

[2] 涂春霞，刘小俊. VB 与 MATLAB 混合编程原理概述[J]. 可编程控制器与工厂自动化，2008，(8):32-34.

[3] 谭祯,杜广煜. Visual Basic 6. 0 调用 MATLAB 的实现方法[J]. 北京广播电视大学学报，2008，4(49):46-51.

[4] 段晓君，杜小勇，易东云. 将 Matlab 函数转换为 VB 可用的 DLL[J]. 电脑与信息技术，2000，(1):

44-47.

[5] 姚静，齐蓉，李玉忍. VB 调用 MATLAB 的方法及其在故障诊断中的应用[J]. 计算机工程与设计，2004，25(11)：2109-2113.

[6] 李晓竹，尹玉萍，魏林. VB 与 MATLAB 间的无缝集成及其在故障诊断中的应用[J]. 防爆电机，2007，42(135)：41-44.

[7] 李善姬，芦成刚. 采用 VB 与 MATLAB 混合编程的数字滤波器设计[J]. 计算机工程与设计，2006，27(18)：3487-3490.

[8] 董辉. 汽车用传感器[M]. 北京：北京理工大学出版社，2000.

[9] 王雄波. 基于模糊控制的电动助力转向系统的研究与开发[D]. 长沙：湖南大学，2008.

[10] Yin Y, Bao J S, Yang L. Wear performance and its online monitoring of the semimetal brake lining for automobiles[J]. Industrial Lubrication and Tribology，2014，66(3)：100-105.

[11] 张洵，靳东明，刘理天. 半导体温度传感器研究进展综述[J]. 传感器与微系统，2006，25(3)：1-3.

[12] 吴琳. 热电偶测温系统在微波场中的应用与研究[D]. 大连：大连理工大学，2009.

[13] 马继杰. 制动器惯性台架试验机测量控制系统的研究[D]. 长春：吉林大学，2006.

[14] 黄贤武，曲波，郑筱霞，等. 传感器实际应用电路设计[M]. 成都：电子科技大学出版社，1997.

[15] 何希才. 常用传感器应用电路的设计与实践[M]. 北京：科学出版社，2007.

[16] 罗四维. 传感器应用电路详解[M]. 北京：电子工业出版社，1993.

[17] 何希才，任力颖，杨静. 实用传感器接口电路实例[M]. 北京：中国电力出版社，2007.

[18] 刘永洪. 线性集成运算放大器及其应用[M]. 北京：机械工业出版社，1998.

[19] 松井邦彦. 传感器实用电路设计与制作(梁瑞林)[M]. 北京：科学出版社，2005.

[20] 廖慎勤. 基于 LabVIEW 及 BP 神经网络的模拟电路故障诊断系统研究[D]. 长沙：湖南师范大学，2010.

[21] 鲍久圣，朱真才，童敏明，等. 盘式制动器摩擦学性能监测预警装置及方法[P]. 中国：CN201110155554.5. 2012-02-15.